これだけマスター

2級

土木施工
管理技士
第二次検定

速水洋志・吉田勇人・水村俊幸 [共著]

Ohmsha

はじめに

　本書は、2018年に発行しました『これだけマスター　2級土木施工管理技士 実地試験（改訂3版）』を施工管理技術検定制度の改正に伴い全面的に見直し、改題改訂として発行するものです。近年、土木業界を取り巻く環境は大きく変化が進んでおり、土木工事への需要が増大している状況です。一方で、業界全体での技術者不足は深刻な問題となっており、土木施工に関する資格を有していることは、大きなステータスとなりつつあります。

　2級土木施工管理技術検定の第二次検定は経験を重視した試検内容となっています。記述形式で出題される問題は記述量が多いうえ、出題範囲も広く、ポイントをしっかりおさえておく必要があります。

　そこで本書では、出題傾向を分析し、過去問題の形式や解答に必要な知識を体系的に盛り込んだ内容で編集しました。また、日常業務で多忙をきわめる読者の皆さんが効率よく学習できるように、「経験記述編」と「学科記述編」の2部構成として、ポイントをわかりやすくまとめています。特に経験記述編では、実務経験を文章にするための基本的なルールの確認から、記述文の組み立て方などを解説、さらに記述のコツをつかめるように、各種工事の記述例文を60題収録しています。

　2級土木施工管理技術検定の学習で得た知識は、決して無駄になりません。日々の実務や、1級土木施工管理技術検定への挑戦など、今後のステップアップの大きな糧となります。長期間にわたっての学習が必要になりますが、自分の気持ちの中に目的意識を持って臨んでください。

　本書を有効に活用され、受験者の皆さんに「合格」の吉報が届くことを心よりお祈り申しあげます。

2022年3月

速水洋志・吉田勇人・水村俊幸

目　次

経験記述編

introduction 1
学習の手引

　資格試験の学習は通常、数カ月間必要となる。仕事をこなしながらの勉強は、思ったよりも時間を確保できない場合が多く、勉強不足、準備不足で受験日を迎えるなどということはよく聞く話である。

　ここでは、できるだけ具体的な対策が立てられるように、「対策チャート」「チェックポイント」など、ガイダンスだけを抽出している。学習は長丁場なので、負担を減らすヒントにしてほしい。

　第二次検定に対するさまざまな前置きはさておき、どのような問題が出題されるか、しっかり理解しておこう。ここで、注意しなければならないのは、マークシートなどの選択解答形式は少なく、ほとんどが記述解答形式であることである。

指針ポイント　1. 第二次検定の出題内容

問題種別	出題分野	出題数	出題形式・出題内容
必須問題1	経験記述	設問1	あなたが経験した土木工事の概要
		設問2	技術的課題について、検討した内容、現場での対応を記述する
必須問題2	土工・コンクリート 等		選択解答 土工量の計算 等
必須問題3			記述解答 軟弱地盤対策 等
必須問題4			選択解答 打込み締固め、鉄筋の加工・組立て 等
必須問題5			記述解答 混和材の使用目的、養生の役割 等

選択問題（1）問題6、7から1問を選択

問　題　6	品質管理・安全管理施工計画・建設副産物	選択解答 コンクリート、土工、仮設工、施工計画、建設副産物 等
問　題　7		選択解答 コンクリート、土工、仮設工、施工計画、建設副産物 等

選択問題（2）問題8、9から1問を選択

問　題　8	品質管理・安全管理施工計画・建設副産物	記述解答 コンクリート、土工、仮設工、施工計画、建設副産物 等
問　題　9		記述解答 コンクリート、土工、仮設工、施工計画、建設副産物 等

＊解答するのは必須5問、選択2問の合計7問

第二次検定の問題は、論文形式の「経験記述問題」と、選択・記述形式の「学科記述問題」の2つに分けることができる。それぞれの対策方法は以下に示すように簡単であるが、範囲が広く、ボリュームもあるため、ポイントを押さえた学習スケジュールの計画が重要となる。

経験記述問題【必須問題1】の対策チャート

ステップ1 ……… 経験記述に書こうとする工事選び（最低3項目用意する）
工事名、工事の内容（工期、工種、施工量）を整理。

ステップ2 ……… 最も得意な管理分野で記述文の草案を作成する。
まず、添削してもらう前提で、1つの記述文作成を優先する。

ステップ3 ……… 土木技術者（上司、先輩、同僚）に添削を受ける。
添削された草案を自分の言葉で最終案に仕上げる。

ステップ4 ……… 添削を参考に、残り2つの管理項目記述文を作成する。

ステップ5 ……… 学科記述勉強開始まで、記述文3案を暗記しておく。

学科記述問題【必須問題2、3、4、5・選択問題（1）、（2）】の対策チャート

準　　備 ……… 出題範囲の把握、出題傾向の把握

ステップ1 ……… 選択形式問題の学習
攻略のポイントは、毎日少しずつでもよいから学習することと、ただ単に穴埋め○×だとは考えないこと。また、第一次検定の問題も併せて学習すること。具体的には、○×を解きながらでも、問題文中の工法について3つ特徴を説明してみるなど。特に不得意な分野はこれくらいやるべき。

ステップ2 ……… 記述形式問題の学習
「○○の特徴を3つ記述しなさい」などと出題される。
攻略のポイントは、選択形式問題の学習時にどれだけ記述形式問題を意識して学習するかにかかっている。

 指針ポイント

3. 受検勉強の準備・参考書籍など

本格的に勉強を始める前に、第一次検定、第二次検定の参考書以外にも事前に用意しておいた方がよい資料や、参考となる文献をあげておく。会社の本棚を探して、有効に活用するとよい（個人で買う必要はない）。

経験記述問題に必要な資料等

経験記述で書く工事の契約書
　　　　　　　　仕様書
　　　　　　　　設計書等

経験記述文を添削してくれる人を早めに見つけて、添削をお願いしておく。

学科記述問題の参考文献

① 土工の設問で主に参考とする文献
- 道路土工　切土工・斜面安定工指針（日本道路協会）
- 道路土工　盛土工指針（日本道路協会）
- 道路土工　軟弱地盤対策工指針（日本道路協会）
- 道路土工　仮設構造物工指針（日本道路協会）
- 土質試験の方法と解説（地盤工学会）

② コンクリートの設問で参考にする文献
- コンクリート標準示方書（土木学会）

③ 施工計画・施工管理の設問で主に参考とする文献
- 道路土工要綱（日本道路協会）
- 各発注機関の土木工事共通仕様書（国土交通省関東地方整備局ホームページ（https://www.ktr.mlit.go.jp/gijyutu/gijyutu00000035.html）等から参照できる）

2級土木施工管理技術検定の過去問について

インターネットで手に入るので集めておいた方がよい。ただし、2級土木の第二次検定は出題数（必須5問、選択2問）が少ないので、土工量計算以外で同じ問題が出ることはまずない。過去問題で出題傾向の絞り込みは難しいので、あくまで試験当日のイメージトレーニング用に使う程度と考えた方がよい。

4. 試検前日の準備と試検当日

試検当日の持ち物チェック

☐ **受検票**

> 他の物は忘れても何とかなるが、受検票だけは忘れないように。

☐ **筆記用具と時計**

> 机の上に置いてよいのは、以下の物だけなので注意。
>
> > シャープペンシルまたは鉛筆（**3 本程度**）、消しゴム、時計
>
> ※筆記用具は、マークシート用、記述用に分け、芯は太めのものがよい。
>
> 時計を持っていかない人もいるが、試検会場に時計がない場合が多く、加えて午後の第二次検定で記述式の解答を書くときの時間配分に必須。

☐ **昼食の用意**

> 試検会場付近で飲食店を探すことは時間の無駄なので、避けた方がよい。昼休みを有効に使うために、弁当を作って持っていくか、朝、試検会場へ入る前にコンビニなどで買っておくとよい。

☐ **試検会場までの経路の確認**

> 当日の出発時間、使用する鉄道などの路線、乗換え、最寄りの駅から試検会場までの地図を確認しておく。

☐ **試検会場について**

> 試検会場には余裕をもって到着するようにする。会場が学校だと、受検番号の教室を探すのに時間がかかる場合が多い。また、昼食を買っておくコンビニが近くにない場合もある。早く到着しすぎて教室が開いていなければ、周辺で参考書を読んでいればよい。

☐ **参考書について**

> 試検会場までの電車の中、試検開始までの時間、昼休みなど、当日多少の時間的余裕があるので、受検勉強に使った参考書、暗記用の経験記述文のコピーを持っていく。ここで注意しなければならないのは、これらは新しい知識を頭に入れるためのものではないということ。頭に入れた知識をすぐに引き出すきっかけとするために、参考書類を持っていくのである。

introduction 2
受検ガイダンス

① 2級土木施工管理技術検定の概要

●土木施工管理技術検定とは

　国土交通省は、建設工事に従事する技術者の技術の向上を図ることを目的として、建設業法第 27 条（技術検定）の規定に基づき技術検定を行っている。技術検定には、「土木施工管理」など 7 種目があり、それぞれ「1 級」と「2 級」に区分されてる。

●土木施工管理技術検定の構成

　技術検定は、「第一次検定」と「第二次検定」に分けて行われる。第一次検定に合格すれば、必要な実務経験年数を経て第二次検定の受検資格が得られる。「2 級」の場合、第一次検定の合格者は所要の手続き後「2 級土木施工管理技士補」、第二次検定の合格者は所要の手続き後「2 級土木施工管理技士」と称することができる。

② 受検の手引

●受検資格

【第一次検定】

　受検年度中における年齢が 17 歳以上の者

※すでに 2 級土木施工管理技士または 2 級土木施工管理技士補の資格を取得済みの者は、再度の受検申込みはできない。

【第二次検定】

　次のイ、ロのいずれかに該当する者

イ．第一次検定の合格者で、次のいずれかに該当する者

学　　歴	土木施工に関する実務経験年数	
	指定学科	指定学科以外
大学卒業者 専門学校卒業者（「高度専門士」に限る）	卒業後 1 年以上	卒業後 1 年 6 月以上
短期大学卒業者 高等専門学校卒業者 専門学校卒業者（「専門士」に限る）	卒業後 2 年以上	卒業後 3 年以上

学　　歴	土木施工に関する実務経験年数	
	指定学科	指定学科以外
高等学校卒業者 中等教育学校卒業者 専門学校卒業者（「高度専門士「専門士」を除く」）	卒業後 3 年以上	卒業後 4 年 6 月以上
その他の者	8 年以上	

※実務経験年数については、当該種別の実務経験年数。
※実務経験年数は、2 級第二次検定の前日までで計算するものとする。

ロ．第一次検定免除者

　過去に 2 級土木施工管理技術検定 第一次検定を受検し、合格した者

※第一次検定が免除されるのは、合格した同じ受検種目・受検種別に限る。
※平成 28 年度から令和 2 年度の 2 級土木施工管理技術検定「学科試験」を合格した者で、所定の実務経験を満した者も含まれる。

　詳細については、全国建設研修センターの『受検の手引』を参照すること。

●受検手続き

【前期（第一次検定）】※種別は土木のみ

　申込受付：例年 3 月上旬〜中旬

　試　検　日：例年 6 月上旬

　合格発表：例年 7 月上旬

　試　検　地：札幌、仙台、東京、新潟、名古屋、大阪、広島、高松、福岡、那覇

【後期（第一次検定・第二次検定、第一次検定（後期）、第二次検定】

　申込受付：例年 7 月上旬〜中旬

　試　検　日：例年 10 月中旬

　合格発表：第一次検定（後期）→例年 1 月中旬

　　　　　　第一次検定・第二次検定、第二次検定→例年 2 月上旬

　試　検　地：札幌、釧路、青森、仙台、秋田、東京、新潟、富山、静岡、名古屋、大阪、
　　　　　　松江、岡山、広島、高松、高知、福岡、鹿児島、那覇（第一次検定（後
　　　　　　期）試検地については、上記試検地に熊本を追加）

土木施工管理技術検定に関する申込書類提出及び問い合わせ先

一般財団法人　全国建設研修センター　試験業務局土木試験部土木試験課

〒 187−8540　東京都小平市喜平町 2−1−2　　TEL　042−300−6860

検定に関する情報は今後、変更される可能性がある。受検する場合は必ず、国土交通大臣指定試験機関である全国建設研修センター（https://www.jctc.jp/）等の公表する最新情報を確認すること。

③ 第二次検定の試検内容と合格基準

●試検内容

第二次検定は「必須問題」と「選択問題」に分かれており、すべて記述式になっている。「必須問題」は出題に対してすべて解答し、「選択問題」は出題数に対し一定の数だけ解答する。なお、第二次検定の試検範囲は次の通りである。

種　別	検定科目	検定基準
土　木	施工管理法	・主任技術者として、土木一式工事の施工の管理を適確に行うために必要な知識を有すること。 ・主任技術者として、土質試験及び土木材料の強度等の試験を正確に行うことができ、かつ、その試験の結果に基づいて工事の目的物に所要の強度を得る等のために必要な措置を行うことができる応用能力を有すること。 ・主任技術者として、設計図書に基づいて工事現場における施工計画を適切に作成すること、または施工計画を実施することができる応用能力を有すること。

●合格基準

第一次検定、第二次検定いずれも得点の60％以上が合格基準となる。ただし、試検の実施状況等を踏まえ、変更する可能性がある。

●個人の成績の通知

第二次検定の成績の通知は、以下の通りに行われる。なお、通知される成績は全体の結果のみで、設問ごとの得点については通知されない。

    ［評定］　A：合格（合格基準以上）
             B：得点が40％以上合格基準未満
             C：得点が40％未満

経験記述編

1章 経験記述（必須問題1）の出題内容と対策

1 はじめに

　第二次検定における経験記述は、受検者の経験を問うとともに、主任技術者にふさわしい文章力で、自身の経験を簡潔に表現する技術力を確認するものである。また、受検者の経験には真実性と具体性が求められており、経験記述の虚偽や偽装に関しては厳しくチェックされる。このため、経験記述の文章は受検者の経験が具体的な数量で示されたオリジナルでなければならないし、他人の例文を丸写し、一部修正などで作成することは絶対に避けなければならない。自身が経験した工事でないことが判明した場合には失格となる。

　なお、本書で示す記述例文は、合格を保証するものではない。自身の経験を効率よく「経験記述形式」にするための参考に示すものである。

2 経験記述問題の概要

　必須問題1では、［設問1］工事概要の記述、［設問2］課題に対する対応の記述が出題される。［設問1］は毎年変わらず下記の内容であり、［設問2］の経験記述は下表の5つの管理項目に分類することができる。管理項目に対する出題内容の変化はほとんどなく、特に留意した技術的な課題、その技術的課題を解決するために検討した項目と検討理由及び検討内容、及び現場で実施した対応処置とその評価を具体的に記述することが求められる。

【設問1】 ①工事名　②工事の内容　③工事現場における施工管理上のあなたの立場

【設問2】

管理項目	過去に出題された内容
① 品質管理	『現場で工夫した品質管理』
② 工程管理	『現場で工夫した工程管理』
③ 安全管理	『現場で実施した安全対策について』
④ 環境対策	『現場で工夫した環境対策』
⑤ 施工計画	『施工計画立案時の事前調査』

KeyPoint

最低限の準備とは

　経験記述問題［設問2］では、2つの課題（管理項目）のうち1つを選んで記述できる。2つの課題の組合せは、毎年まったく同じではないが、出題率の高い品質管理、工程管理、安全管理の3管理項目を押さえておけば試験時にあわてなくて済む。言い換えれば、第二次検定に合格するためにこの3管理項目の経験記述は必ず用意しなければならないということである。

■［設問2］で過去に出題された課題の組合せ

［設問1］の工事で実施した ○○○○（下表課題①）または○○○○（下表課題②）のいずれかを選び……	
課題①	課題②
現場で工夫した安全管理	現場で工夫した品質管理
現場で工夫した安全管理	現場で工夫した工程管理
現場で工夫した品質管理	現場で工夫した工程管理
現場で工夫した品質管理	現場で工夫した環境対策

　どの管理項目を用意しておけばよいか？

　課題の選択肢があるので絞り込みは容易である。最低でも「安全管理、品質管理」の2つは用意すること。くれぐれも「時間がないから1つの管理項目しか用意しない」「得意な環境対策と施工計画を用意しておけばいいだろう」などと考えないこと。

❸ 経験記述の出題形式

【問題1】　あなたが経験した土木工事の現場において、工夫した○○管理または工夫した○○管理のうちから1つ選び、次の〔設問1〕、〔設問2〕に答えなさい。

[注意]　あなたが経験した工事でないことが判明した場合は失格となります。

【設問1】　あなたが**経験した土木工事**に関し、次の事項について解答欄に明確に記述しなさい。

[注意]　「経験した土木工事」は、あなたが工事請負者の技術者の場合は、あなたの所属会社が受注した工事について記述してください。したがって、あなたの所属会社が二次下請業者の場合は、発注者名は一次下請業者名となります。

なお、あなたの所属が発注機関の場合の発注者名は、所属機関名となります。

【設問1】の解答欄

(1)工事名

工事名	

(2)工事の内容

① 発注者名	
② 工事場所	
③ 工　期	
④ 主な工種	
⑤ 施 工 量	

(3)工事現場における施工管理上のあなたの立場

立　場	

採点の対象とならない場合

・〔設問1〕の解答が無記載または記入漏れがある場合
・〔設問2〕の解答が無記載または設問で求められている内容以外の記述の場合
どちらの場合にも問題2以降は採点の対象とならないので注意すること。

【設問2】　上記工事で実施した「現場で工夫した○○管理」または「現場で工夫した○○管理」のいずれかを選び、次の事項について解答欄に具体的に記述しなさい。

▶KeyPoint　［設問2］で安全管理が出題された場合、「ただし、安全管理については、交通誘導員の配置のみに関する記述は除く」のような但し書きが追加される場合がある。

（1）特に留意した技術的課題

（約23字×7行＝161字）

（2）技術的課題を解決するために検討した項目と検討理由及び検討内容

（約23字×11行＝253字）

（3）上記検討の結果、現場で実施した対応処置とその評価

（約23字×9行＝207字）

経験記述編

学科記述編

1章

▶KeyPoint　［設問2］では、行数は指定されるが、文字数は指定されない。おおむね1行20字〜25字程度、平均で23字。経験記述文として書く全体量は約621字になる。

2章 経験した土木工事の選び方

① 工事種別と工事内容

　経験記述で書く工事を選ぶにあたり、あらかじめ『2級土木施工管理技術検定第二次検定　受検の手引』をチェックしておくとよい。ここに「土木施工管理に関する実務経験として認められる工事種別・工事内容」と「土木施工管理に関する実務経験とは認められない工事等」が一覧表でまとめられている。

　一般的には、受検申込書に記載し、受検資格として認められる工事から、工事種別と工事内容を選ぶのが無難である。どうしても工事種別・工事内容が不明であるなら「一般財団法人 全国建設研修センター土木試験課」へ問い合わせて確認すればわかるが、わざわざ確認しなければならないような工事種別・工事内容を選ぶリスクをとるより、再考した方がよいだろう。

　当然のことだが、実務経験として認められない工事を経験記述で書いても合格しないことはわかっている。「認められる工事種別・工事内容」をながめ、どの工事が経験記述の出題内容として書きやすいか、管理項目のバリエーションを作りやすいかなどを、経験記述を書き出す前に確認しておくことを勧める。

KeyPoint　　**書きやすい工事を選ぶ**

　経験した工事を1つだけ選ぶなら特に悩むことはないが、最低でも「品質管理」「安全管理」の2つ、できれば「工程管理」を加えた3つの経験記述文を用意しておきたい。「品質管理として現場では、環境対策は何を、工程管理、安全…」と、各管理項目ごとに現場を思い浮かべながら工事を選ぶが、このとき工事（現場）はなるべく少なく選んだ方がよい。単純に記述文を作成する作業時間が短縮されるし、暗記量（[設問1]は同じで済む）も減る。

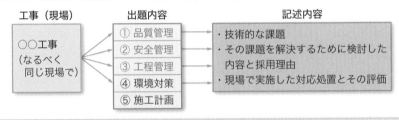

② 実務経験として認められる工事種別・工事内容

2級では、「土木」「鋼構造物塗装」「薬液注入」の3つに分類される。

受検種別	工事種別	工事内容
土木	河川工事	築堤工事、護岸工事、水制工事、床止め工事、取水堰工事、水門工事、樋門（樋管）工事、排水機場工事、河道掘削（浚渫工事）、河川維持工事（構造物の補修）
	道路工事	道路土工（切土、路体盛土、路床盛土）工事、路床・路盤工事、法面保護工事、舗装（アスファルト、コンクリート）工事（※個人宅地内の工事は除く）、中央分離帯設置工事、ガードレール設置工事、防護柵工事、防音壁工事、道路施設等の排水工事、トンネル工事、カルバート工事、道路付属物工事、区画線工事、道路維持工事（構造物の補修）
	海岸工事	海岸堤防工事、海岸護岸工事、消波工工事、離岸堤工事、突堤工事、養浜工事、防潮水門工事
	砂防工事	山腹工工事、堰堤工事、地すべり防止工事、がけ崩れ防止工事、雪崩防止工事、渓流保全（床固め工、帯工、護岸工、水制工、渓流保護工）工事
	ダム工事	転流工工事、ダム堤体基礎掘削工事、コンクリートダム築造工事、基礎処理工事、ロックフィルダム築造工事、原石採取工事、骨材製造工事
	港湾工事	航路浚渫工事、防波堤工事、護岸工事、けい留施設（岸壁、浮桟橋、船揚げ場等）工事、消波ブロック製作・設置工事、埋立工事
	鉄道工事	軌道盛土（切土）工事、軌道布設（レール、枕木、道床敷砂利）工事（架線工事を除く）、軌道路盤工事、軌道横断構造物工事、ホーム構築工事、踏切道設置工事、高架橋工事、鉄道トンネル工事、ホームドア設置工事
	空港工事	滑走路整地工事、滑走路舗装（アスファルト、コンクリート）工事、エプロン造成工事、滑走路排水施設工事、燃料タンク設置基礎工事
	発電・送変電工事	取水堰（新設・改良）工事、送水路工事、発電所（変電所）設備コンクリート基礎工事、発電・送変電鉄塔設置工事、ピット電線路工事、太陽光発電基礎工事
	通信・電気土木工事	通信管路（マンホール・ハンドホール）布設工事、とう道築造工事、鉄塔設置工事、地中配管埋設工事
	上水道工事	公道下における配水本管（送水本管）布設工事、取水堰（新設・改良）工事、導水路（新設・改良）工事、浄水池（沈砂池・ろ過池）設置工事、浄水池水材更生工事、配水池設置工事
	下水道工事	公道下における本管路（下水管・マンホール・汚水桝等）布設工事、管路推進工事、ポンプ場設置工事、終末処理場設置工事
	土地造成工事	切土・盛土工事、法面処理工事、擁壁工事、排水工事、調整池工事、墓苑（園地）造成工事、分譲宅地造成工事、集合住宅用地造成工事、工場用地造成工事、商業施設用地造成工事、駐車場整地工事　※個人宅地内の工事は除く
	農業土木工事	圃場整備・整地工事、土地改良工事、農地造成工事、農道整備（改良）工事、用排水路（改良）工事、用排水施設工事、草地造成工事、土壌改良工事
	森林土木工事	林道整備（改良）工事、擁壁工事、法面保護工事、谷止工事、治山堰堤工事
	公園工事	広場（運動広場）造成工事、園路（遊歩道・緑道・自転車道）整備（改良）工事、野球場新設工事、擁壁工事
	地下構造物工事	地下横断歩道工事、地下駐車場工事、共同溝工事、電線共同溝工事、情報ボックス工事、ガス本管埋設工事
	橋梁工事	橋梁上部（桁製作、運搬、架設、床版、舗装）工事、橋梁下部（橋台・橋脚）工事、橋台・橋脚基礎（杭基礎・ケーソン基礎）工事、耐震補強工事、橋梁（鋼橋、コンクリート橋、PC橋、斜張橋、つり橋等）工事、歩道橋工事
	トンネル工事	山岳トンネル（掘削工、覆工、インバート工、坑門工）工事、シールドトンネル工事、開削トンネル工事、水路トンネル工事
	土木構造物解体工事	橋脚解体工事、道路擁壁解体工事、大型浄化槽解体工事、地下構造物（タンク）等解体工事
	建築工事（ビル・マンション等）	PC杭工事、RC杭工事、鋼管杭工事、場所打ち杭工事、PC杭解体工事、RC杭解体工事、鋼管杭解体工事、場所打ち杭解体工事、建築物基礎解体後の埋戻し、建築物基礎解体後の整地工事（土地造成工事）、地下構造物解体後の埋戻し、地下構造物解体後の整地工事（土地造成工事）
	個人宅地工事	PC杭工事、RC杭工事、鋼管杭工事、場所打ち杭工事、PC杭解体工事、RC杭解体工事、鋼管杭解体工事、場所打ち杭解体工事
	浄化槽工事	大型浄化槽設置工事（ビル、マンション、パーキングエリアや工場等大規模な工事）
	機械等設置工事（コンクリート基礎）	タンク設置に伴うコンクリート基礎工事、煙突設置に伴うコンクリート基礎工事、機械設置に伴うコンクリート基礎工事
	鉄管・鉄骨製作	橋梁、水門扉の工場での製作
鋼構造物塗装	鋼構造物塗装工事	鋼橋塗装工事、鉄塔塗装工事、樋門扉・水門扉塗装工事、歩道橋塗装工事
薬液注入	薬液注入工事	トンネル掘削の止水・固結工事、シールドトンネル発進部・到達部地盤防護工事、立坑底盤部遮水盤造成工事、推進管周囲地盤補強工事、鋼矢板周囲地盤補強工事

『2級土木施工管理技術検定　受検の手引』より

❸ 実務経験として認められない工事等

実務経験として認められない工事内容は、下記の通りである。

工事種別	工事内容
建築工事（ビル・マンション等）	躯体工事、仕上工事、基礎工事、杭頭処理工事、建築基礎としての地盤改良工事（砂ぐい、柱状改良工事等含む）　等
個人宅地内の工事	個人宅地内における以下の工事 造成工事、擁壁工事、地盤改良工事（砂ぐい、柱状改良工事等含む）、建屋解体工事、建築工事及び駐車場関連工事、基礎解体後の埋戻し、基礎解体後の整地工事　等
解体工事	建築物建屋解体工事、建築物基礎解体工事　等
上水道工事	敷地内の給水設備等の配管工事　等
下水道工事	敷地内の排水設備等の配管工事　等
浄化槽工事	浄化槽設置工事（個人宅等の小規模な工事）　等
外構工事	フェンス・門扉工事等囲障工事　等
公園（造園）工事	植栽工事、修景工事、遊具設置工事、防球ネット設置工事、墓石等加工設置工事　等
道路工事	路面清掃作業、除草作業、除雪作業、道路標識工場製作、道路標識管理業務　等
河川・ダム工事	除草作業、流木処理作業、塵芥処理作業　等
地質・測量調査	ボーリング工事、さく井工事、埋蔵文化財発掘調査　等
電気工事 通信工事	架線工事、ケーブル引込工事、電柱設置工事、配線工事、電気設備設置工事、変電所建屋工事、発電所建屋工事、基地局建屋工事　等
機械等製作・塗装・据付け工事	タンク、煙突、機械等の製作・塗装及び据付け工事　等
コンクリート等製造	工場内における生コン製造・管理、アスコン製造・管理、コンクリート2次製品製造・管理　等
鉄管・鉄骨製作	工場での製作　等
建築物及び建築付帯設備塗装工事	階段塗装工事、フェンス等外構設備塗装工事、手すり等塗装工事、鉄骨塗装工事　等
機械及び設備等塗装工事	プラント及びタンク塗装工事、冷却管及び給油管等塗装工事、煙突塗装工事、広告塔塗装工事　等
薬液注入工事	建築工事（ビル・マンション等）における薬液注入工事（建築物基礎補強工事等）、個人宅地内の工事における薬液注入工事、不同沈下建造物復元工事　等

『2級土木施工管理技術検定　受検の手引』より

● **実務経験として認められない業務・作業等**

　土木工事の施工に直接的にかかわらない次のような業務等は認められない。

①工事着工以前における設計者としての基本設計・実施設計のみの業務。

②測量、調査（点検含む）、設計（積算を含む）、保守・維持・メンテナンス等の業務（ただし、施工中の工事測量は認める）。

③現場事務、営業等の業務。

④官公庁における行政及び行政指導、研究所、学校（大学院等）、訓練所等における研究、教育及び指導等の業務。

⑤アルバイトによる作業員としての経験。

⑥工程管理、品質管理、安全管理等を含まない雑役務のみの業務、単純な労務作業等。

⑦単なる土の掘削、コンクリートの打設、建設機械の運転、ゴミ処理等の作業、単に塗料を塗布する作業、単に薬液を注入するだけの作業等。

　上記の業務以外でも、その他土木施工管理の実務経験とは認められない業務・作業等は、すべて受検できないので注意すること。

KeyPoint　**土木工事でなければならない**

　土木工事は、ストレートに実務経験として認められている工事から選べばよい。ただし、認められていない工事の中にも建築工事等における「基礎工事」や、造園工事の「園路、広場、擁壁工事」などが土木工事として認められているので、工事名が対象外でも工事内容を確認するとよい。

経験記述編

学科記述編

2章

3章 経験記述文の構成とルール

① つまらないことで減点されないために

　論文形式の試検では、文章を書くにあたって最低限守らなければならないルールがある。あまりに基本的で、初歩的なことばかりであるが、これから記述文を書くに前に一度チェックしておいた方がよい。

（1）書き始める前に

　絶対に忘れてはならないことは、答案は採点官に読まれること（読んでもらうこと）である。また、採点官は発注者ではないので、答案に書かれた内容以外のことはわからない。一方的な記述文にならないよう注意すること。

（2）起承転結では書けない（序論─本論─結論）

　文章は「起承転結で書くように」と教えられたと思うが、小論文や技術レポートで書くべき内容は「起承転結」の文章構造にまったく向いていない。そもそも、小説やエッセイなどではないので「転」で話題を転じる必要性がないし、字数制限のあるもので話題を転じている余裕などない。

　経験記述文（他に小論文、技術レポート）においては、起承転結にこだわることなく「序論－本論－結論」という構成で書くとよい。この方が簡潔で書きやすく、論点も明確になる。

（3）解答用紙への書き方チェック

● **HB の鉛筆で書く**

　薄い芯で書かれたものは読みづらいし、自信がなさそうに見える。採点官が読みやすいように HB 程度の濃さで、シャープペンシル（芯は 0.7 mm がお勧め）、または鉛筆（製図用の少し硬めのホルダー芯もお勧め）で書くようにする。

● **書き出し、段落の最初は 1 マス空ける**

　採点官が最初に目にするところで、これは大原則である。内容云々よりこんな基本的なこともわかっていないのかと思われてしまうので注意したい。

● **空白行は作らない**

　字数制限がある場合、8 割以上書かないと減点の対象もしくは採点の対象にならない場合がある。明確な字数制限のない経験記述文においては、空白行を作らないようにする。

(4) 文章表現のチェック

● **文体は統一する**

　記述文の文体は「です、ます」調ではなく「だ、である」調で統一するのが一般的である。特に、混ぜて使うのはよくない。

● **字が汚ない、下手は気にしない**

　字が汚ない、下手だからという理由だけで採点されなかったり、減点の対象になったりすることはない。丁寧に書かれてあればよい。ただし、雑であったり、乱暴に書かれた文章は論外である。

● **短く簡潔にまとめる**

　主語、述語、修飾語が複雑な長い文章は書かない。1 つのパラグラフ（段落）で 1 つのことを簡潔に書くようにする。

● **誤字脱字をなくす**

　何度もチェックするしかないが、記述文を暗記する際に、キーボードなどでの入力ではなく手で書いて暗記しておくとミスは少なくなる。

● **話し言葉で書かない**

　「だから」は→「したがって」、「でも」は→「しかし」などとし、口語的表現は避ける。

② 経験記述文［設問 1］の基本的なルール

　経験記述［設問 1］を書くときに注意する具体的なポイントをチェックする。書き始める前に、経験記述に選んだ工事の契約書のコピーを用意しておく。工事の選び方は、本編 2 章「経験した土木工事の選び方」を参照するとよい。

(1) 工事名［設問 1］

　工事名のチェックポイントは下記 2 点である。

- その工事名で、土木工事と判断できるか
- その工事名で、本当に実施されたものと判断できるか

2 級土木施工管理技術検定の実務経験と認められない工事と判断されると、不合格になる。ただし、建築工事のうち基礎工事、造園工事では園路工事、広場工事、

擁壁工事が土木工事とみなされる。正規の工事名で土木工事と特定できない場合は、「○○○建築工事（場所打ち杭工）」などと補足しておくとよい。

　その工事が実在する工事であることを示すためには、地域、地区、路線名など現場を特定できるようにしておく必要がある。正規の工事名がそれらを特定できない場合も「県道○○線（○○地区）改良工事」と補足しておくとよい。

(2) 工事の内容［設問 1］

　工事内容のチェックポイントは下記 2 点である。
- その工事内容は、本当に実施されたものと判断できるか
- その工事内容（工種・数量）は、技術的課題と整合性がとれているか

① 発注者名

　役所名、元請けの工事会社名を記述する。知事名などの代表者名は必要ない。「○○工事事務所」「○○県○○課」「株式会社○○建設」等

② 工事場所

　工事場所は、県、市町村、番地まで詳しく記述する。

③ 工　　期

　工事契約書の通りに、「令和○年○月○日～令和○年○月○日」、海外工事では「2021 年○月○日～ 2022 年○月○日」などと日にちまで記述する。工期は終了していなければならない。工事全体が複数年にわたって行われている場合は、竣工検査が終了しているものを選ぶ。また、施工量と整合のとれた工期であるかチェックする必要がある。

④ 主な工種

　主な工種は、［設問 2］で書こうとする「(1) 工事名」の工種を記述する。注意しなければならないのが、工事名ではなく工種である。［設問 2］の技術的課題として取り上げる工種であるから、複数の工種をあげる必要がなく 2 工種程度で十分である。ただし［設問 2］が複数の工種にわたって書かれているのであれば、その工種をここで記述する。

⑤ 施工量

　施工量も、主な工種と同様に［設問 2］で書こうとする工種の施工量を内容（規格）・数値・単位で記述する。くれぐれも「○○エ 一式」とは書かないこと。ここで示す施工量は、［設問 2］の技術的課題の対応処置とその評価が妥当であるかの判断基準にもなるし、施工量と工事期間とで、その工事が実施されたものか判断される。

(3) 工事現場における施工管理上のあなたの立場 [設問 1]

施工管理を行う指導・監督的な立場でなければならないことから、「現場監督」「現場主任」「主任技術者」「発注者側監督員」などと記述することになる。「作業主任者」や「設計者」「○○係」などは施工管理を行う立場にないので、施工管理を行う立場で実施した工事を選ばなければならない。

立場の記述は、「督」の文字の誤字に注意すること。また、立場を略称で記述しないこと。自分の立場の表記を誤字・脱字して合格した話など聞いたことがないので、特に気を付けること。

KeyPoint　　**[設問 1] と [設問 2] の整合性**

工事内容は [設問 2] と整合性がとれており、技術的課題の対応処置とその評価を補完するものでなければならない。特に施工量などは、技術的課題を説明する重要なポイントになる。詳細に書けばよいのではなく、設問 2 を過不足なく説明できる施工量であればよいのである。[設問 2] の記述文を書いた後で、もう一度 [設問 1] の施工量をチェックしておきたい。

実際の受検対策では、[設問 1] の工事を選んでから、[設問 2] の記述を書くのではなく、[設問 2] が書きやすい工事を選ぶことになる。後述する [設問 2] の対策を立ててから [設問 1] の内容を精査するのが現実的である。

工事の選択

- 契約書、設計書を用意する

設問 2　技術的課題の草案作成

- 特に留意した技術的課題
- 課題を解決するために検討した項目と検討理由及び検討内容 ⎱ の書きやすい工事を選ぶ
- 現場で実施した対応処置とその評価

設問 1　工事概要の整理

- 工期
- 主な工種 ⎱ この 3 つの整合性はよいか？
- 施工量　　設問 2 に見合う内容か？　契約書と違いはないか？

(4) 設問1の記述例とチェックポイント

【設問1】の解答欄

(1) 工事名

工事名	○○地区第○号道路改良工事

◀ 詳しく書く

> ・現実に実施された土木工事であることが判断できること
> ・地域が特定できること、土木工事であることが判断できること
> ・契約書の工事名に地域等の記載がなければ（　）で追記しておく

Check Point!

(2) 工事の内容

① 発注者名	千葉県○○建設事務所
② 工事場所	千葉県○○市○○町○−○
③ 工　　期	令和○年9月2日〜令和○年2月4日
④ 主な工種	舗装工
⑤ 施　工　量	○○線○工区 L＝590 m 路盤 5,605 m²、表層 5,369 m²

◀ 正確に書く
◀ 詳しく書く
◀ 契約書と同じに
◀ 工種であること
◀ 工種の数量
　　［設問2］の数量

> ・現実に実施された土木工事であることが判断できること
> ・工期は終了していること
> ・技術的課題（設問2）と整合がとれた内容であること
> 　①工期は、技術的課題だけでなく、工種、施工量に妥当な期間か？
> 　②工種は、技術的課題だけでなく、工期、施工量に妥当な内容か？
> 　③施工量は、技術的課題だけでなく、工期、工種に妥当な量か？
> ・特に施工量は技術的課題を説明できる数量であること

Check Point!

(3) 工事現場における施工管理上のあなたの立場

立　場	主任技術者

> ・施工管理を行う立場であること
> ・誤字脱字に注意し、略称で書かないこと

Check Point!

❸ 経験記述文［設問2］の基本的なルール

経験記述問題の［設問2］では、［設問1］で記述した工事の内容を、具体的な技術的課題のテーマで記述しなければならない。

(1) 出題傾向と対策方針の確認

経験記述［設問2］を作成するにあたり、過去に出題された内容をもう一度確認しておく。実際に出題された内容は、重要度の高い①～③、過去に出題されたことのある④、⑤の管理項目に分類される。

出題される①～⑤の管理項目に対し、(1)～(3)の課題に答えなければならない。

経験記述編 ▼ / 学科記述編 ▼ / 3章

［設問2］の出題内容

管理項目	過去に出題された主な内容（特に留意した技術的課題）
①品質管理	『品質を確保するための施工方法』『品質を確保するための確認方法』『降雨の影響を防止するための品質管理対策』
②工程管理	『現場で工夫した工程管理』
③安全管理	『安全対策（交通誘導員は除く）』『安全施工の作業開始前点検』『現場で実施した毎日の安全管理活動』
④環境対策	『現場で工夫した環境対策』
⑤施工計画	『施工計画立案時の事前調査』

［設問2］の対策方針

管理項目	(1) 特に留意した技術的課題	(2) 課題を解決するために検討した内容と採用に至った理由	(3) 現場で実施した対応処置とその評価
①品質管理	材料の品質確保 施工の品質確保	材料の良否、機械能力の適正化、施工方法による品質	全項目共通で、最後に「～品質が確保された」など、管理項目の課題を満足したとする
②工程管理	工期の遵守 工期の短縮	材料の手配・変更、機械の大型化、施工能力の増強	
③安全管理	労働者の安全確保 工事の安全確保 工事外の安全確保	仮設備の点検と安全性、使用機械の安全性、安全管理の実施方法	
④環境対策	公衆災害防止対策	騒音振動・仮設備の処置、低公害機械の使用、低公害工法の採用	
⑤施工計画	品質、工程、安全を確保する計画	対象とする項目による	

※項目別の対処方法は次ページに記す。

(2) 特に留意した技術的課題

　技術的課題として取り上げる代表的な内容を、管理項目ごとに示す。ここに示す内容は代表的な例でしかないので、自身の経験に合わせて技術的課題を選ぶことが必要である。

① 品質管理

　品質管理の実施は、一般的に下記手順で進められる。この品質管理の手順を踏まえて、技術的課題として記述する内容を考えるとよい。

品質管理の手順

> **品質特性の決定**
> 管理しようとする品質特性（材料強度 $\sigma_{ck}=21\,\text{N/mm}^2$ や締固め度など）及び特性値を定める。

↓

> **品質標準の決定**
> 設計書、仕様書に定められた規格に合ったものとして、品質の平均とばらつきの幅を定める。

↓

> **作業標準の決定**
> 品質標準を守るために、作業標準として作業方法、作業手順、使用機械、使用設備等に関する基準を定める。

↓

> **試験・測定の実施**
> 試験方法や検査方法の標準を土木工事施工管理基準等から定める。

↓

> **規格のチェック**
> ヒストグラム等により品質標準の満足度を判定する。
> **工程のチェック**
> 管理図等により工程の安定を判断する。

↓

> **現状維持による作業の続行か是正処置**

　品質管理の技術的課題として何を取り上げるか、国土交通省の品質管理基準及び規格値から代表的工種を次表に示す。

工　　事	種　　別	試　験　項　目
セメント コンクリート	材　料	骨材、セメント、練混ぜ水等
	製　造	計量設備、ミキサ等
	施　工	塩化物、単位水量、スランプ、圧縮強度、空気量等
	施工後	ひび割れ調査、強度推定調査、鉄筋かぶり等
ガス圧設	施工前後	外観検査
既成杭	材　料	外観検査
	施　工	外観検査、現場溶接、根固め強度等
上・下層路盤	材　料	CBR、骨材、土、スラグ等
	施　工	現場密度、平板載荷等
セメント安定処理路盤	材　料	一軸圧縮、骨材、土の液性塑性等
	施　工	現場密度、セメント量等
アスファルト舗装	材　料	骨材、フィラー等
	プラント	粒度等
	舗装現場	現場密度等
補強土壁	材　料	土の締固め、材料の外観検査等
	施　工	現場密度等
土工（河川・道路・砂防等）	材　料	粒度、密度、含水比等、土質試験一式
	施　工	現場密度、含水比等

② 工程管理

　工程管理の技術的課題として取り上げる内容は、基本的に「前工程のフォローアップ」と「工期の厳守」の 2 つに分類できる。

> **記述する内容の例**
> ・工期が遅れていて工期短縮を図る必要がある場合
> ・雨天等が予想されるが工期の遅れが許されず工期を厳守する場合

③ 安全管理

　安全管理の技術的課題として取り上げる内容は、労働安全衛生法に基づき実施した事項とする。実施した内容については、労働安全衛生規則に則した具体的な数値で下記内容を記述することになる。

> **記述する内容**
> ・仮設備工事の安全対策
> ・工事作業の安全対策（防護柵設置、足場設置）
> ・工事車両の安全対策（誘導員配置）
> ・近隣住民への安全対策
> ・通行車両、歩行者及び沿道物件への安全対策
> ・安全パトロールの実施、安全訓練等

④ 環境対策

　環境対策の技術的課題として取り上げやすい内容は、実施例の多い騒音・振動対策と思われる。特定建設作業（杭打ち機、びょう打ち機、削岩機、大型建設機械等、政令で指定された種類、規模の機械を使用する作業）を伴う工事を施工する場合は、事前に市町村長へ届出が必要となるし、騒音規制基準、振動規制基準が明確であるので記述内容は明快であろう。

> **記述する内容**
> ・施工時の近隣住民への騒音対策として低騒音型建設機械の採用
> ・施工時の近隣住民への振動対策として低振動型建設機械の採用
> ・工事用車両が現場外へ出る際の粉じん対策
> ・施工時に発生する濁水処理
> ・施工量に配慮して、工事量（建設機械・工事車両）の平準化を行う

⑤ 施工計画

　施工計画は、目的の物をどのような施工方法、段取りで所定の工期内に適正な費用で安全に施工し管理するかを定めるものである。これは、施工管理全体を対象としていることから、すべての管理項目が該当する。例えば「工期を守るための施工計画」「品質・安全・環境保全を確保するための施工計画」などである。

> **記述する内容**
> ・使用する建設機械と資材の選定、搬入計画
> ・施工体制の確立（自社、下請の選定等）
> ・他管理項目に対する施工計画
> ・仮設備の配置計画
> ・特定の工事の施工方法と施工手順

技術的課題は一般的に3ブロックに分けて書くとよい。

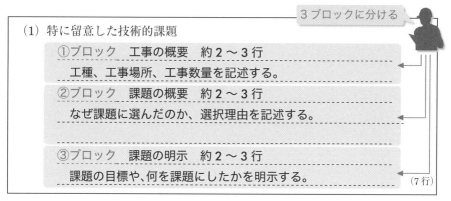

3ブロックに分ける

(1) 特に留意した技術的課題

①ブロック　工事の概要　約2〜3行
工種、工事場所、工事数量を記述する。

②ブロック　課題の概要　約2〜3行
なぜ課題に選んだのか、選択理由を記述する。

③ブロック　課題の明示　約2〜3行
課題の目標や、何を課題にしたかを明示する。
(7行)

(3) 課題を解決するために検討した内容と採用に至った理由

ここで記述する内容は、選んだ課題に対して、「どのように検討し現場で対応したかを簡潔に書く」ことと、「本当に現場で実施したことがわかる」ものでなくてはならない。現場でしかわからない作業状況・作業手順、使用する材料条件、使用機械の規格検討など、選んだ課題の処理内容を記せばよい。

課題を解決するための検討内容と採用理由についても、一般的に3つのブロックに分けられる。

(2) 課題を解決するために検討した内容と採用に至った理由

①ブロック　序論　約2〜3行
どの管理項目を検討したのかを記述する。決まり文句。

②ブロック　本論　約5〜7行
課題を検討した過程や内容、施工量等、課題を解決するために行った内容を明確に記述する。

③ブロック　結論　約2〜3行
課題の解決、処理方法を記述する。

(11行)

経験記述編

学科記述編

3章

（4）現場で実施した対応処置とその評価

　現場で実施した対応処置とその評価を簡潔に書く。施工手順、数量など現場で実際行ったことがわかるように示すことが求められる。最後に技術的課題が解決されたことと評価を記述する。

最後に記述する内容の例
- 品質管理　：　〜品質を確保した。
- 工程管理　：　〜所定の工程を確保した。
- 安全管理　：　〜安全が確保された。
- 環境対策　：　〜環境保全を行った。
- 施工計画　：　〜を満足した。〜を行った。等

評価として記述する例
- 工事全般共通　：　〜（技術的課題）を解決することにより、（工期短縮など）を実現できたことが評価できる。等

　現場で実施した対応処置とその評価は、一般的に4つのブロックに分けられる。

（3）上記検討の結果、現場で実施した対応処置とその評価

　　①ブロック　対応処置の序論　約1〜2行

　　②ブロック　対応処置の本論　約4〜5行
　　課題を解決するために検討した内容について、現場で実施した内容を記述する。

　　③ブロック　対応処置の結論　約1〜2行

　　④ブロック　成果の評価　約1〜2行

　　　　　　　　　　　　　　　　　　　　　　　　　　　　(9行)

---

(5) [設問 2] の記述例とチェックポイント

Check Point!

【設問 2】の解答欄

(1) 品質管理で特に留意した**技術的課題**

　　本工事は、県道○○線○工区で、路面の老朽化に伴い実施する舗装工事で、路床、路盤 5,605m^2、表層 5,369m^2 を施工するものであった。

　　計画では、県道○○線の日交通量は 5,600 台と非常に多く予想されていることから、仕様書に定めるように、路床の設計 CBR を 6%以上とする路床の品質管理を課題とした。

[7 行]

> **工事の概要**
> 数量、地域、工種
> **課題の概要**
> 課題の選択理由
> **課題の明示**
> 課題の（数値）目標

(2) 課題を解決するために検討した項目と**検討理由及び検討内容**

　　路床の品質管理を行うために下記を検討した。

(1) 路床土の試験結果は、含水比 19.8%、乾燥密度 1.697g/cm^3、CBR0.8%と設計 CBR が 3%以下となり、設計 CBR が不足するため路床改良が必要となった。

(2) 路床改良を検討するにあたり、現場で良質土が発生しないことから、2,300 円/m^3 の購入土を使用し、比較検討の結果、経済的なセメント安定処理工法 980 円/m^3 を採用することとした。

(3) 固化材の配合試験は、配合割合 4%、8%、12%について行い、CBR 値と固化剤添加率の相関により CBR6%以上となる設計添加量を決定した。

[11 行]

> **序　論**
> 決まり文句
> **本　論**
> 　現場で実際に行った課題に対する対応策、検討内容がわかるように記す。
> 　施工量にあった検討内容とすること。
> **結　論**
> 　課題の処理結果を具体的に記す。

(3) 上記検討の結果、**現場で実施した対応処置とその評価**

　　現場では以下の処置を行った。

(1) 配合試験から、それぞれの固化材添加率に対し CBR 値 4%、12%、22%を得た。

(2) 3 回の試験結果をグラフ化し、相関から CBR6%に対する添加率 4.6%を得た。

(3) 添加量を、乾燥密度×添加率×割増率＝89.8kg/m^3 とし、路床の CBR6%を確保した。

　　評価としては、経済的で確実な安定処理工法を実施できたことである。

[9 行]

> **序　論**
> 決まり文句
> **本　論**
> 　(2) と同じ文章構成でよく、(2) に対する現場での実施内容を記す。
> **結　論**
> 決まり文句
> **評　価**

経験記述編

学科記述編

3章

21

4章 経験記述の学習対策

① 経験記述文の暗記方法のコツ

　経験記述文の［設問 2］で書く量は約 621 字程度、これを「品質管理」「工程管理」「安全管理」の 3 管理項目分用意すると、受検日までに約 1,800 字を暗記しておく必要がある。それに加えて［設問 1］も覚えておく必要があるから、なるべく効率よく暗記しておく必要がある。

暗記作業のコツ

平日の暗記作業のコツ

○ **短時間で集中して覚える**

　記憶するときは、短時間で集中して記憶するように心がける。途中で何度も中断するくらいなら、早く寝た方がまし。

○ **何度も繰り返し覚える**

　いったん覚えても、時間が経てば誰でも忘れる。何度も繰り返し頭に入れるしかない。

休日の暗記作業のコツ

○ **インプット＋アウトプット**

　頭に入れた（インプット）だけで安心しないこと。必ず暗記文を「声に出す」「紙に書き出す」などアウトプットして確認する。

○ **手で覚える**

　試験当日は答案用紙に暗記した文章を書くのだから、アウトプットは手で書くのが一番よい。誤字も少なくなる。

覚え方のコツ

○ **ブロックのキーワードを覚える**

　必ずしも全文暗記する必要はない。記述文を構成するブロックごとのキーワードを覚えておき、試験当日キーワードに肉付けしていく方法もある。覚える文章量が少なく、書きたいポイントを外さない記述文となるが、記述文のストーリーは頭に入れておく必要がある。

❷ 経験記述文の暗記が不安な人へ

経験記述文を暗記しておくことが大前提なのであるが、試検当日の対策として、第二次検定が始まったら、まず問題用紙の空いているところへ暗記している記述文を書いてしまう。完全に暗記文を書き出せなくても、まずは課題（1）〜（3）のキーワードから「空いているところへ」書き出して、それに肉付けして下書きを仕上げていく。暗記文の書き出しに行き詰まったら、他の問題を解いて気分を変えるとよい。

予想の課題が外れた場合でも、焦らず問題用紙の空いているところへ覚えているものを書いてしまおう。予想が外れた課題でも、ストーリーの組み立ては使えるし、書いているうちにそれに該当する現場での事柄を思い出していくものである。実務経験があるのだから、決して焦らないこと。

経験記述文をキーワードから下書きすることで、以下のような効果がある。

- ○ 行数、文字数の調整ができる
- ○ いきなり書き始めるより、解答用紙上で消しゴムを使う回数が格段に減る
- ○ キーワードを押さえておくことで、ストーリーが明確になる
- ○ 予想が外れた場合でも、ストーリー構成を利用しやすい

キーワードと経験記述文の例

課題のキーワードと経験記述文の作成例を示す。記述文の作成、日々の暗記、試検当日の対策などの参考にしてほしい。

（1）技術的課題

	工事の概要	課題の原因	課題の目標
キーワード	路床、路盤 5,605 m²、表層 5,369 m²	日交通量は 5,600 台と非常に多く	路床の設計 CBR を 6%以上とする路床
キーワードから本文を作成する			
本文の例	本工事は、県道○○線○工区で、路面の老朽化に伴い実施する舗装工事で、路床、路盤 5,605 m²、表層 5,369 m² を施工するものであった。 計画では、県道○○線の日交通量は 5,600 台と非常に多く予想されていることから、仕様書に定めるように、路床の設計 CBR を 6%以上とする路床の品質管理を課題とした。		

（2）課題を解決するために検討した内容と採用に至った理由

課題の解決手順			
キーワード	設計 CBR が 3％以下であり、路床改良が必要	経済的なセメント安定処理工法 980 円 /m³ を採用	CBR6％以上となる設計添加量を決定
キーワードから本文を作成する			
本文の例	路床の品質管理を行うために下記を検討した。 （1）路床土の試験結果は、含水比 19.8％、乾燥密度 1.697 g/cm³、CBR0.8％と設計 CBR が 3％以下となり、設計 CBR が不足するため路床改良が必要となった。 （2）路床改良を検討するにあたり、現場で良質土が発生しないことから、2,300 円 /m³ の購入土との比較検討の結果、経済的なセメント安定処理工法 980 円 /m³ を採用することとした。 （3）固化材の配合試験は、配合割合 4％、8％、12％について行い、CBR 値と固化剤添加率の相関により CBR6％以上となる設計添加量を決定した。		

（3）現場で実施した処理とその評価

現場での処理手順				成果の評価
キーワード	固化材添加率に対し、CBR 値 4％、12％、22％を得た	CBR6％に対する添加率 4.6％を得た	添加量を 89.8 kg/m³ とし、路床の CBR 6％を確保	経済的で確実な安定処理工法を実施
キーワードから本文を作成する				
本文の例	現場では以下の処置を行った。 （1）配合試験から、それぞれの固化材添加率に対し CBR 値 4％、12％、22％を得た。 （2）3 回の試験結果をグラフ化し、相関から CBR6％に対する添加率 4.6％を得た。 （3）添加量を、乾燥密度×添加率×割増率＝ 89.8 kg/m³ とし、路床の CBR6％を確保した。 　評価としては、経済的で確実な安定処理工法を実施できたことである。			

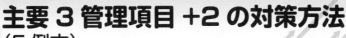

経験記述編 ▶

学科記述編 ▶

　ここに実際に添削された同一工事種別における、各管理項目別の5例文を示す。採点のポイントを確認して、何を詳しく書くべきか自身の例文の参考にしてもらいたい。

No.	管理項目	工事種別	技術的な課題
1	品質管理	道路工事	路床の品質管理
2	工程管理	道路工事	工期短縮
3	安全管理	道路工事	歩行者の安全確保
4	環境対策	道路工事	固化材使用時の環境保全対策
5	施工計画	道路工事	既製杭の打設計画

※ 他工事の例文は「6章　経験記述例文集（55例文）」を参照。

■ 添削内容

添削項目	例文中の添削凡例
内容のチェック	✓ OK!　　改善点など
疑問・修正箇所	▨▨▨▨▨
添削コメント	◀
課題の　「目　標」 　　　　「処　置」 　　　　「結　果」 の関連づけは赤字	「路床の品質管理を課題とした。」 「設計添加量を決定した。」 「路床のCBR6%を確保した。」 　　　　　　　　　　　のように赤字で示す
評価のコメント	（改善事項） 　記述内容に不足があるもの、わかりにくいものなど （一般事項） 　設問1、2の整合性 　設問2、課題の関連づけ等

5章

注）ここで示す記述例は、合格を保証するものではなく、模範答案でもない。自身の経験を効率よく「経験記述形式」にするための参考に示すものである。

No. 1	管理項目	工　種	技術的な課題
	品質管理	道路工事	路床の品質管理

【設問1】

(1)工事名　| 工事名 | ○○地区第○号道路改良工事　✓OK! |

(2)工事の内容

① 発注者名	埼玉県○○県土整備事務所　✓OK!
② 工事場所	埼玉県○○市○○町○－○　✓OK!
③ 工　期	令和○年9月15日〜令和○年2月20日　✓OK!
④ 主な工種	路床工　✓OK!
⑤ 施 工 量	○○線○工区 L＝600 m　✓OK! 路盤 7,788 m²、表層 7,080 m² 路床・路盤とする

(3)工事現場における施工管理上のあなたの立場

| 立　場 | 現場主任　✓OK! |

『評　価』

(改善事項)
・本答案のテーマが路床であることを強調すること。
・設計交通量を記述すること。
・添加量配合試験の「相関」「計算式」は具体的な値を明記するとよい。
(一般事項)
・設問1と設問2の整合性はとれている。
・課題の目標、課題の処置、課題の結果の関連づけはされている。
- -
注意) 例文中では具体的な地区名、発注者、工事場所を伏せてあるが、実際の答案に
　　は詳細に記入すること。

【設問2】

(1) 品質管理で特に留意した技術的課題

　　本工事は、県道○○線○工区で実施する舗装工事で、路床、路盤 7,788 m²、表層 7,080 m² を施工するものであった。

　　計画では、県道○○線の日交通量は 5,800 台と非常に多く予想されていることから、仕様書に定めるように、路床の設計 CBR を 6%以上とする路床の品質管理を課題とした。✓OK!

◀設計交通量が決まっているはず。それを示すこと。

[7行]

(2) 課題を解決するために検討した項目と検討理由及び検討内容

　　路床の品質管理を行うために下記検討を行った。

　　(1) 路床土の試験結果は、含水比 19.8%、乾燥密度 1.697g/m³、CBR0.8 と設計 CBR が 3 以下であり、路床改良が必要となった。✓OK!

◀他の記述を合わせ「CBR 値○%」とする。

　　(2) 路床改良は、現場で良質土が発生しないことから、2,500 円/m³ の購入土を使用し、比較検討の結果、経済的なセメント安定処理工法 1,050 円/m³ を採用することとした。✓OK!

　　(3) 固化材の配合試験は、4%、8%、12%について行い、CBR 値と固化剤添加率の相関より CBR6%以上となる設計添加量を決定した。✓OK!

[11行]

(3) 上記検討の結果、現場で実施した対応処置とその評価

　　現場では以下の対応処置を行った。

　　(1) 配合試験から、それぞれの固化材添加率に対し、CBR 値 4%、12%、22%を得た。

　　(2) 3 回の試験結果をグラフ化し、相関から CBR6%に対する添加率 4.6%を得た。

　　(3) 添加量を乾燥密度×添加率×割増率＝ 90.4kg/m³ とし、路床の CBR6%を確保した。✓OK!

◀割増率の値を記入する。

　　3 回の試験結果を考慮したことにより、最適な添加率を導き出せたことが評価できる。

[9行]

経験記述編

学科記述編

5章

27

	管理項目	工　種	技術的な課題
No. 2	工程管理	道路工事	工期短縮

【設問 1】

(1) 工事名

工事名	○○地区第○号道路改良工事　✓OK!

(2) 工事の内容

① 発注者名	埼玉県○○県土整備事務所　✓OK!
② 工事場所	埼玉県○○市○○町○－○　✓OK!
③ 工　期	令和○年9月15日～令和○年2月20日　✓OK!
④ 主な工種	路盤工　✓OK!
⑤ 施 工 量	○○線○工区 L＝600 m 路盤 7,788 m^2、表層 7,080 m^2　✓OK!

(3) 工事現場における施工管理上のあなたの立場

立　場	現場主任　✓OK!

『評　価』

(改善事項)
・単位施工量と全体施工量からの施工日数算定がわかりにくい。

(一般事項)
・施工日数算定で若干疑問が残るが、設問 1 と設問 2 の整合性はとれている。
・課題の目標、課題の処置、課題の結果の関連づけはされている。

注意）例文中では具体的な地区名、発注者、工事場所を伏せてあるが、実際の答案には詳細に記入すること。

【設問2】

(1) 工程管理で特に留意した技術的課題

　　本工事は、県道○○線○工区で実施する舗装工事で、路床、路盤 7,788 m²、表層 7,080 m² を施工するものであった。

　　計画では、県道○○線の日交通量は 5,800 台と非常に多く予想されており、供用開始の遅れは許されない状況であった。

　　よって、所定の工程の確保を課題とした。✓ OK!

[7 行]

◀設計交通量が決まっているはずであるから、それを示すこと。

(2) 課題を解決するために検討した項目と検討理由及び検討内容

　　天候不順が続いたため、路盤施工時において工程の遅れが 10 日となっており、次のように検討した。

　　上層路盤 180 mm、下層路盤 220 mm の敷均しおよび締固めの日施工量 1,150 m² より、合計 20 日の施工日数が予想できた。

　　遅れている工程を取り戻すためには、路盤工の班数を2 倍にすることにより遅れている 10 日を満足することができる。

　　よって施工区間の始終点側に 2 班配置とし、1 班当たり 300 m を両側から施工する方法を採用し、遅れ工期を修正した。✓ OK!

[11 行]

◀施工日数の算出根拠が明確でない。稼働率を考慮しているのか？

(3) 上記検討の結果、現場で実施した対応処置とその評価

　　現場において、次のことを実施した。

　　モータグレーダ 3.1 m 級を 2 台投入し、始終点の両方向から敷均しを行った。

　　締固めは初転圧を 10 t 級のロードローラで始点側から行い、終点側へ移った段階で、始点側の 2 次転圧をタイヤローラ 8 t 級で行い、時間差をつけ 2 班体制とすることにより工期を満足した。✓ OK!

　　対応処置として、2 班体制による始終点からの施工を可能にしたことが評価点と考えられる。

[9 行]

経験記述編

学科記述編

5章

No.3	管理項目	工　種	技術的な課題
	安全管理	道路工事	歩行者の安全確保

【設問1】

(1) 工事名　　　| 工事名 | ○○地区第○号道路改良工事 ✓OK! |

(2) 工事の内容

① 発注者名	埼玉県○○県土整備事務所 ✓OK!
② 工事場所	埼玉県○○市○○町○-○ ✓OK!
③ 工　　期	令和○年9月15日～令和○年2月20日 ✓OK!
④ 主な工種	暗渠工 ✓施工量との整合性がない
⑤ 施 工 量	○○線○工区 L＝600 m ✓道路改良工事延長か？ 道路横断工 L＝12.5 m ✓断面、構造形式を記入する

(3) 工事現場における施工管理上のあなたの立場

立　　場	現場主任 ✓OK!

『評　価』

（改善事項）
- 「道路改良工事」と「道路横断工」の関連がつかみにくい。
- 横断工の断面、構造が不明なため工事概要がつかみにくい。

（一般事項）
- 設問1と設問2で工種の整合性がとれていない。施工量に記入不足があり、設問2で工事規模が明確にイメージできない。
- 課題の目標、課題の処置、課題の結果の関連づけはされている。

注意）例文中では具体的な地区名、発注者、工事場所を伏せてあるが、実際の答案には詳細に記入すること。

【設問2】

(1) 安全管理で特に留意した技術的課題

　　本工事は、県道○○線○工区で実施する道路舗装改良工事に伴う横断工布設工事である。

　　本工区は非常に交通量の多い道路であり、施工箇所周辺には住宅が多い。また、工事現場の近くに○○小学校があって、通学路となっている。

　　そのため、施工時における歩行者の安全確保を課題とした。✓OK!

[7行]

◀何が横断するのか？
用水か排水か、それともガスか？

(2) 課題を解決するために検討した項目と検討理由及び検討内容

　　工事現場周辺の安全環境を保全する対策を次のように検討した。

　　県道○○線を横断する暗渠の施工延長を、県道○○線の交通確保のために片側通行となるように、分割して施工した。

　　歩行者、通学路としての安全確保のために、仮設の歩道を片側通行にした県道○○線と分離して設け、通学路を確保した。✓OK!

　　通学路には、単管パイプを組み立て、手すりを設置し、安全面にも配慮することにより歩行者の安全確保を検討した。✓OK!

[11行]

◀横断工か？ 断面、構造、埋設深さの記述がない。

(3) 上記検討の結果、現場で実施した対応処置とその評価

　　安全対策として検討の結果、以下のことを実施した。

　　車両の通行帯の確保にあたり、県道を片側通行とし、交通規制を行った。

　　通学路、歩行者用に設けた仮設歩道は、幅2m、単管手すり75cmを設置し、床面にはすべり防止マットを敷いて常時点検を行うことにより、仮設歩道の歩行者の安全を確保した。✓OK!

　　仮設歩道に着目し、手すりの設置やすべり防止を図った点が評価できる。

[9行]

◀誘導員の配置計画を加えること。

管理項目	工　種	技術的な課題
環境対策	道路工事	固化材使用時の環境保全対策

【設問1】

(1)工事名　　| 工事名 | ○○地区第○号道路改良工事 ✓*OK!* |

(2)工事の内容

① 発注者名	埼玉県○○県土整備事務所 ✓*OK!*
② 工事場所	埼玉県○○市○○町 ✓*OK!*
③ 工　　期	令和○年9月15日〜令和○年2月20日 ✓*OK!*
④ 主な工種	路床工 ✓施工量との整合性がない
⑤ 施 工 量	施工延長 600 m ✓ 技術的課題との整合性がない。路床工に対する環境保全対策であるから、路床工の数量とする

(3)工事現場における施工管理上のあなたの立場

立　場	現場主任 ✓*OK!*

『評　価』

（改善事項）
- 「検討内容」「採用理由」「対応処置とその評価」の区分けがあいまいである。
- 技術的課題に見合う数量でなければならない。数量は路床改良工のものを記入する。

（一般事項）
- 課題の目標、課題の処置、課題の結果の関連づけはされている。
- 空白行が目立つ。

注意）例文中では具体的な地区名、発注者、工事場所を伏せてあるが、実際の答案には詳細に記入すること。

【設問2】

(1) 環境対策で特に留意した**技術的課題**

　　本工事は、○○地区で施工される幹線○号道路工事で、県道○○・○○線に接続させるものである。

　　幹線○号の路床土は、CBR試験結果より0.8%程度で路床改良が必要である。◀設問1の数量と整合性がない。

　　改良材料セメント系固化材を用いることから、本地域特有の風の影響による現場内外への飛散の影響からの環境保全対策を技術的課題とした。✓OK!

[7行]

(2) 課題を解決するために検討した項目と**検討理由及び検討内容**

　　路床改良時のセメント系固化材による環境保全対策を、次のように検討した。

　　路床厚40cmをセメント系固化材で改良するとき、道路の両側に仮囲いを設置することにより、風の影響によるセメントの現場外への飛散を防止し、現場外部への環境保全対策とした。✓OK!

　　現場内においては、改良材の飛散対策として、改良を行うバックホウ運転者、及び誘導員に防塵メガネ、防塵マスクを着用させて作業を行うことにより現場内と外部へ対する環境保全を行った。◀空白行がある。

[11行]

(3) 上記検討の結果、**現場で実施した対応処置とその評価**

　　現場内外における環境保全対策として、下記の通り対応処置を実施した。

　　工事範囲に仮囲いを設置して、現場外への改良時のセメントの飛散を防止した。現場内ではセメントが飛散するので、防塵メガネ、防塵マスクを着用させることにより、現場内外への環境保全を行った。◀(2)とほとんど同じ。現場で実施した内容を詳しく記述。

　　セメントの飛散には常に注意していた点がよかった。◀評価が強調されていない

◀空白行がある。

[9行]

	管理項目	工　種	技術的な課題
No.5	施工計画	道路工事	既製杭の打設計画

【設問1】

(1)工事名

工事名	○○地区第○号道路改良工事 ✓**OK!**

(2)工事の内容

① 発注者名	埼玉県○○県土整備事務所 ✓**OK!**
② 工事場所	埼玉県○○市○○町○－○ ✓**OK!**
③ 工　　期	令和○年9月15日〜令和○年2月20日 ✓**OK!**
④ 主な工種	基礎工 ✓施工量との整合性がない
⑤ 施　工　量	○○線○工区L＝600 m ✓道路改良工事延長か？ 土留め擁壁L＝60 m ✓基礎工数量を記載する

(3)工事現場における施工管理上のあなたの立場

立　場	現場監督 ✓**OK!**

『評　価』

（改善事項）
・「基礎杭工事」と「土留め擁壁」の関連がつかみにくい。
・基礎杭の種類、規格が不明なため工事概要がつかみにくい。

（一般事項）
・設問1と設問2で工種の整合性がとれていない。施工量に記入不足があり、設問2で工事規模が明確にイメージできない。
・課題の目標、課題の処置、課題の結果の関連づけはされている。

注意）例文中では具体的な地区名、発注者、工事場所を伏せてあるが、実際の答案には詳細に記入すること。

【設問2】

(1) 施工計画で特に留意した**技術的課題**

　　本工事は、県道○○線○工区で道路付帯工事として
実施する逆T型土留め擁壁のPHC杭中掘り工法による
基礎工事である。

　　地質調査結果から、深度4.6 mから5.8 mまで径
の大きなれき層があることが判明しており、16 mの杭を
沈設する際に、れきが杭体を傷つけない施工計画を課
題とした。✓OK!

◀れきの径はどれくらいか？

[7行]

(2) 課題を解決するために検討した項目と**検討理由及び検討内容**

　　基礎杭に影響なく安全にれき層を沈設させるために、
次の検討を行った。

　　中掘り杭工法で支障となるれき径は、杭内径の1/5
以上で、使用するPHCϕ700 mmの杭では杭内径
ϕ500/5 = 100 mm以上は問題である。

　　既存調査結果ではれき径84 mmであったが、別途
確認で追加した標準貫入試験ではれき径125 mmであ
り、杭沈設時に杭体を傷つける可能性が高かった。

　　また、れき層がある深度が4.6 mから5.8 mと比較
的浅いことから、杭沈設に先行してれき層を排除する工
法を検討した。✓OK!

◀支持層と杭長の関係が不明である。

[11行]

(3) 上記検討の結果、**現場で実施した対応処置とその評価**

　　現場では以下のことを実施した。

　　先行してれき層を排除するため、プレボーリン
グ工法で杭内径500 mmに相当するオーガを用い
深度6.0 mまでを掘削した。

　　排土される色、土の様子の変化でれき層の排除
を確認し、中掘り杭工法でれき層で支障をきたす
ことなく16 mの杭を沈設することができた。✓OK!

　　常に、排土の状況を確認できる中掘り工法を採
用したことが、よい結果に結び付いた。

[9行]

■ 代表的な工事の経験記述例文

No.	管理項目	工事種別	技術的な課題
6	品質管理	道路工事	舗装温度の低下と転圧不良防止
7	品質管理	〃	暑中コンクリートの品質確保
8	工程管理	〃	遅延による工期の短縮
9	安全管理	〃	飛来落下事故防止
10	品質管理	上水道工事	漏水防止対策
11	工程管理	〃	作業遅延原因の湧水処理対策
12	品質管理	下水道工事	寒中コンクリートの品質管理
13	工程管理	〃	工事の遅れと工程の修正
14	工程管理	〃	シールドセグメントの発注管理
15	安全管理	〃	埋設管保護工の安全施工
16	安全管理	〃	道路幅員が狭い場所で行う管布設工の安全確保
17	品質管理	河川工事	盛土材料の品質管理（最適含水比等）
18	品質管理	〃	寒中コンクリートの品質管理
19	品質管理	〃	盛土締固め工の品質管理
20	工程管理	〃	コンクリート打設工程計画
21	工程管理	〃	施工条件不良による工程確保
22	安全管理	〃	仮締切り時の安全施工
23	安全管理	〃	吊り荷の落下やクレーン転倒事故防止
24	品質管理	造成工事	盛土の品質管理
25	工程管理	〃	先行工事の遅れを取り戻す工程管理
26	品質管理	橋梁工事	基礎杭の品質管理
27	工程管理	〃	工程の修正計画
28	安全管理	〃	コンクリート打設時の安全施工
29	工程管理	〃	基礎杭の工程管理
30	品質管理	〃	コールドジョイントの発生防止
31	品質管理	農業土木工事	暑中コンクリートの品質管理
32	品質管理	〃	コールドジョイントの発生防止
33	工程管理	〃	工程計画修正

No.	管理項目	工事種別	技術的な課題
34	工程管理	農業土木工事	推進工のクリティカルパスの明確化
35	安全管理	〃	杭基礎工の安全施工
36	工程管理	上水道工事	湧水処理対策における計画工程の確保
37	工程管理	下水道工事	鋼矢板の打込みの工程管理
38	品質管理	土地造成工事	擁壁エコールドジョイント防止対策
39	工程管理	〃	コンクリート打設の工程計画
40	工程管理	〃	工期の短縮（二次製品化）
41	安全管理	〃	土留め工の安全管理
42	工程管理	道路工事	擁壁工事の工期を短縮する対策
43	工程管理	下水道工事	ボイリングによる工程遅れ防止対策
44	品質管理	地盤改良工事	改良強度の品質管理
45	品質管理	〃	地盤改良のセメント添加量
46	工程管理	〃	薬液注入工期の確保
47	安全管理	〃	ヒービングに対する安全対策
48	品質管理	トンネル工事	寒中コンクリートの品質低下対策
49	工程管理	〃	補助工法による工程短縮
50	安全管理	〃	切羽の肌落ち災害防止対策
51	品質管理	仮設土留め工	鋼矢板の打設時品質管理
52	品質管理	仮設仮排水工	ボイリングの防止対策
53	工程管理	仮設土留め工	土留め支保工の工程管理
54	工程管理	仮設仮締切り工	仮締切り工事の工期短縮修正
55	安全管理	仮設土留め工	資材搬入時の安全施工
56	安全管理	〃	土留め工施工時の安全管理
57	安全管理	仮設排水工	ボイリングの防止対策
58	安全管理	道路工事	クレーンの転倒防止対策
59	工程管理	〃	工期短縮（連続作業）
60	工程管理	鉄道工事	ロングレール交換作業の工程管理

注）例文中では具体的な地区名、発注者、工事場所を伏せてあるが、実際の答案には詳
　細に記入すること。

No. 6	管理項目	工　種	技術的な課題
	品質管理	道路工事	舗装温度の低下と転圧不良防止

【設問 1】

(1) 工事名

工事名	○○幹線道路工事

(2) 工事の内容

① 発注者名	栃木県建設部○○道路事務所
② 工事場所	栃木県○○市○○町○丁目
③ 工　期	令和○年 10 月 21 日～令和○年 3 月 20 日
④ 主な工種	アスファルト舗装工
⑤ 施 工 量	表層工（t＝5 cm）980 m^2 上層路盤工（t＝15 cm）1,000 m^2 下層路盤工（t＝20 cm）1,100 m^2

(3) 工事現場における施工管理上のあなたの立場

立　場	現場主任

MEMO

合材の温度管理

　合材の温度は、品質管理基準値として「初期転圧前で 110℃以上でなければならない」とされている。ここで、参考に各施工段階での温度管理を以下に示す。

「アスファルト舗装要綱」より

- ・敷均し時　　　　　　　　110℃を下回らないようにする
- ・締固め時（初転圧）　　　110 ～ 140℃
- 　　　　　（二次転圧終了）70 ～ 90℃
- ・交通開放　　　　　　　　50℃以下

【設問2】

(1) **品質管理**で特に留意した**技術的課題**

　　本工事は、県道幹線1号道路を道路改良する工
事であり、下層路盤工、上層路盤工、表層工を施
工するものであった。

　　現場は合材プラントから40 kmの山間地にあり、
冬季の施工と重なり、運搬中の合材温度低下及び
それに伴う転圧不良による舗装品質の確保が技術 ◀ **技術的課題**
的課題とされた。

[7行]

(2) 課題を解決するために検討した項目と**検討理由及び検討内容**

　　運搬中における合材の温度低下による舗装品質 ◀ **検討理由**
の低下を防止する検討を行った。

①冬季の平均気温は5℃であり、長距離運搬中に ◀ **検討内容**
　合材温度が低下することを防止する方法を検討
　する必要があった。

②合材運搬時のダンプトラックの保温対策をプラ
　ント技術者と協議した。

③到着時の温度管理の方法を社内で話し合い測定
　計画を作成した。

　　以上の検討の結果、適正な合材の品質管理の方
法を計画した。

[11行]

(3) 上記検討の結果、**現場で実施した対応処置とその評価**

　　検討の結果、以下の合材温度の低下を防止する
ための品質管理を行った。

①合材の出荷温度を通常より25℃アップした。 ◀ **対応処置**

②ダンプトラックのシートを二重にするとともに
　密封状態を保ち保温対策を行った。

③到着時の合材温度を測定し管理した結果、転圧
　温度を満足し、品質の確保ができた。

　　評価点としては、通常より出荷温度を上げると ◀ **その評価**
ともに、保温対策を行うことができたことである。

[9行]

管理項目	工　種	技術的な課題
品質管理	道路工事	暑中コンクリートの品質確保

No.
7

【設問 1】

(1)工事名

工事名	三鷹市○○号幹線道路整備工事

(2)工事の内容

① 発注者名	東京都三鷹市
② 工事場所	東京都三鷹市○○町○丁目○○番
③ 工　　期	令和○年 6 月 10 日〜令和○年 2 月 20 日
④ 主な工種	道路付帯工、コンクリート擁壁工
⑤ 施 工 量	L 型擁壁、H＝1.5 m、L＝40 m 鉄筋コンクリート 70.8 m^3

(3)工事現場における施工管理上のあなたの立場

立　　場	現場代理人

ワーカビリティーとは

　ワーカビリティーは、コンクリートの変形及び流動に対する抵抗性（コンシステンシー）と材料分離に対する抵抗性とを合わせた、施工のしやすさを表すものである。

　AE 減水剤やフライアッシュなどの混和材料の使用などは、同じコンシステンシーのコンクリートを得るのに必要な単位水量を減らすことができ、材料分離に対する抵抗性を増すことからワーカビリティーをよくする。

【設問2】

(1) 品質管理で特に留意した技術的課題

　　本工事は市道○号幹線道路整備工事にかかわる、公園盛土部を通過する、高さ 1.5 m、延長 40 m の L 型コンクリート擁壁工事である。

　　道路工事の全体工程計画において、本擁壁工事のレディーミクストコンクリートの打設時期が夏季にあたることから、暑中コンクリートとしての施工を技術的課題とした。

技術的課題

[7 行]

(2) 課題を解決するために検討した項目と検討理由及び検討内容

　　夏季の暑中コンクリート施工において、品質を確保するために次の対策を検討した。

①混和剤として、AE 減水剤を使用し、単位水量を下げて、ワーカビリティーを高めてコンクリートを打設することとした。

②コンクリート打設後の締固めを確実に行うために、型枠に 45 cm ピッチで目印を付け、内部振動機を直角に差し込み、絶対に横送りしないように指示し、徹底した。

③急激な温度変化が起こらないような養生を行い、コンクリートの品質を検討した。

[11 行]

検討理由

検討内容

(3) 上記検討の結果、現場で実施した対応処置とその評価

　　現場において、暑中のコンクリートの品質を確保するために、混和剤として AE 減水剤は標準型ではなく、凝結遅延型を使用した。

　　また、打設前に水道用ホースを引き込み、ホース用スプリンクラーを設置して、打設後 24 時間以上の湿潤状態を保ち、養生することにより、コンクリートの品質を確保した。

　　評価点は、凝結遅延型の AE 減水剤を使用し、湿潤状態を十分確保した養生を行ったことである。

[9 行]

対応処置

その評価

経験記述編

学科記述編

6章

41

No. 8	管理項目	工 種	技術的な課題
	工程管理	道路工事	遅延による工期の短縮

【設問1】

(1)工事名

工事名	○○工区道路舗装改良工事

(2)工事の内容

① 発注者名	神奈川県○○土木事務所
② 工事場所	神奈川県○○市○○町○丁目○番
③ 工　　期	令和○年5月10日～令和○年3月16日
④ 主な工種	舗装工
⑤ 施 工 量	○○線○工区 L＝690 m 路盤工 2,300 m² 表層工 2,100 m²

(3)工事現場における施工管理上のあなたの立場

立 場	現場監督

アスファルトの修繕工法

路上路盤再生工法	・既設アスファルト混合物層を、現位置で路上破砕混合機などによって破砕すると同時に、セメントやアスファルト乳剤などの添加材料を加え、破砕した既設路盤材とともに混合し、締め固めて安定処理した路盤を構築する工法。
表層・基層打換え工法 （切削オーバーレイ工法 を含む）	・線状に発生したひび割れに沿って、既設舗装を表層または基層まで打ち換える工法。 ・切削により既設アスファルト混合物層を撤去する工法を、特に切削オーバーレイ工法と呼ぶ。 ・切削後の基盤面にクラックなどが多く見られた場合については、クラック防止材を設置するなどの対応が必要となる。

【設問2】

(1) **工程管理**で特に留意した**技術的課題**

　　本工区、県道○○線の○○地区は舗装の老朽化が進み、線状・亀甲状のクラックやたわみが多く発生していたことから、表層及び路盤を打換え改修する工事である。

　　工事着工後の6月中旬から天候不順が続いたことから、作業不可能な日が増加した。よって残工程の工期確保を課題とした。 ◀ 技術的課題

[7行]

(2) 課題を解決するために検討した項目と**検討理由及び検討内容**

　　舗装改修工事の工期を確保するために次のように検討した。 ◀ 検討理由

①班編成の組替えを検討した。従来の班編成は、舗装の取り壊し作業班4人/1班であったが、8人増員し1班6人編成の2班12人とし、残区間を2分割して同時施工をした。 ◀ 検討内容

②舗装班が撤去の進捗に合わせて2区間で既設路盤を掘削し、下層路盤 t＝300 mm クラッシャーラン40、上層路盤 t＝160 mm 粒度調整砕石30を同時施工とした。以上の連続施工により、工期の短縮が可能となり予定通りの工程が確保できた。

[11行]

(3) 上記検討の結果、**現場で実施した対応処置とその評価**

　　現場において、次のことを実施した。

①舗装撤去作業の班編制を2班に増員し、終点側と2/3地点を各班同時施工とすることで12日の工期短縮ができた。 ◀ 対応処置

②現況路盤の掘削から、路盤工、基層、表層の施工を連続で行い作業効率を上げることによって工期を確保することができた。

　　班編制を2班に増員し、各班の同時施工と各工種の連続施工を行った点が評価できる。 ◀ その評価

[9行]

No. 9	管理項目	工　種	技術的な課題
	安全管理	道路工事	飛来落下事故防止

【設問1】

(1)工事名

工事名	鳥取県道○○号線道路拡幅工事

(2)工事の内容

① 発注者名	鳥取県○○部○○課
② 工事場所	鳥取県○○市○○町○○丁目
③ 工　　期	令和○年5月21日～令和○年12月20日
④ 主な工種	鉄筋コンクリート擁壁工
⑤ 施 工 量	擁壁工 150.0 m　路盤工 2,500 m^2 舗装工 2,500 m^2

(3)工事現場における施工管理上のあなたの立場

立　場	現場代理人

ツールボックスミーティング（TBM）

　ツールボックスミーティングは、現場主任を中心にして、その日の作業や方法・段取り・問題点について短時間で話し合ったり、指示伝達を行うもので、工具箱（ツールボックス）に座って行うことから、このような名称になった。

　一般的には次の3回について行われる。

1. 朝礼後の TBM	朝礼後 5～10 分間	監督者からの報告指示
2. 作業中の TBM	その都度 5～10 分間	指示変更、危険予知（KY）の徹底
3. 現場ミーティング	月に 2～3 回	グループ全体の会議

【設問 2】

(1) **安全管理**で特に留意した**技術的課題**

　　本工事は、県道○号線の道路改良工事であり現場打ち鉄筋コンクリート擁壁を構築するものである。

　　現場打ち鉄筋コンクリート擁壁の施工にあたり、トラッククレーンによる吊り込み作業が頻繁に行われるため、鉄筋や型枠材の吊り荷の飛来落下事故防止が当作業の重点目標として安全管理が技術的課題となった。 ◀ **技術的課題**

[7行]

(2) 課題を解決するために検討した項目と**検討理由及び検討内容**

　　トラッククレーンによる鉄筋や型枠、パイプ等の重量物や長尺物の搬入作業を安全に行うため、以下の安全対策について検討した。 ◀ **検討理由**

①毎朝実施するツールボックスミーティングにおいて、施工現場における危険予知活動の活用方法について検討した。 ◀ **検討内容**

②作業エリアの区分計画と識別方法について職員だけでなく職長をまじえて具体的な計画を立案するとともに、関係作業員に周知徹底をした。

③クレーン作業についての詳細な作業工程計画、労働者配置計画、教育訓練計画の立案を実施した。

[11行]

(3) 上記検討の結果、**現場で実施した対応処置とその評価**

　　上記の計画をもとに以下の対策を実施した。

①朝礼後の危険予知活動でクレーン作業を重点項目として危険意識を向上させた。 ◀ **対応処置**

②安全打ち合わせ時に工程ごとに変化する危険エリアを確認し、赤いテープで明示した。

③安全協議会で関係者を集めてビデオ学習を行った。以上の結果、無事故で竣工することができた。

　　重点項目作業を絞って作業員に認知させることも、事故防止には重要であったと評価できた。 ◀ **その評価**

[9行]

6章

45

	管理項目	工　種	技術的な課題
No. 10	品質管理	上水道工事	漏水防止対策

【設問 1】

(1)工事名

工事名	○○号線配水管布設工事

(2)工事の内容

① 発注者名	○○市○○部○○課
② 工事場所	静岡県○○市○○町地内
③ 工　期	令和○年 5 月 20 日～令和○年 2 月 28 日
④ 主な工種	ダクタイル鋳鉄管布設工 ϕ300 mm 弁類設置工
⑤ 施 工 量	ダクタイル鋳鉄管布設工 L＝700 m 仕切り弁設置工 10 箇所

(3)工事現場における施工管理上のあなたの立場

立　場	現場主任

ダクタイル鋳鉄管の施工

　ダクタイル鋳鉄管は受口部に鋳出してある表示記号のうち、管径、年号の記号を上向きに据え付ける。

接合形式の表示場所

　管の布設は原則として低所から高所に向け行い、受口のある管は受口を高所に向ける。

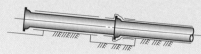

【設問2】

(1) 品質管理で特に留意した技術的課題

　　本工事は、○○市上水道の配水管を、現況市道の下に、土被り 1.2 m で L＝700 m にわたり布設する工事であった。

　　過去の配管工事において、ボルトの締付不良による漏水が発生したため、ダクタイル鋳鉄管接続の品質管理を重点課題とし、漏水防止対策の検討が技術的な課題となった。 ◀ **技術的課題**

[7行]

(2) 課題を解決するために検討した項目と検討理由及び検討内容

　　発注者と自社において過去の漏水発生原因を調査したところ、ボルト・ナットの締付不良によることが判明した。 ◀ **検討理由**

　　そのため、以下の対策を検討し、計画した。

①継手部は、泥などが付着しないように保護する。 ◀ **検討内容**
　汚れが付いた場合は、完全に水洗いして、土などの汚れを布で拭き取る。

②鋳鉄管の接続は、上下左右対称に、トルクレンチで所定の締付けを行う。
　締付け後は職長が確認し、チェックシートに記録し、監督職員に報告する手順を定めた。

[11行]

(3) 上記検討の結果、現場で実施した対応処置とその評価

　　配水管の接続について、継手の汚れがないことや、ボルトの締付トルク（100 N·m）の管理方法はチェックシートを用いて実施した。 ◀ **対応処置**

　　継手接続完了ごとに職長が確認し、監督員が検査を実施し締忘れや接続不良等を防止し、漏水のない配管工事が完了できた。

　　品質管理において、チェックシートによるボルトの締付トルクの確認を行ったことが基本事項として評価できる。 ◀ **その評価**

[9行]

6章

No. 11	管理項目	工　種	技術的な課題
	工程管理	上水道工事	作業遅延原因の湧水処理対策

【設問1】

(1)工事名

工事名	○○号線水道管布設工事

(2)工事の内容

① 発注者名	○○市○○部○○課
② 工事場所	静岡県○○市○○町地内
③ 工　期	令和○年4月10日～令和○年12月15日
④ 主な工種	ポリエチレン管布設工φ100 mm 弁類設置工
⑤ 施 工 量	ポリエチレン管布設工 L＝500 m 仕切り弁設置工14箇所

(3)工事現場における施工管理上のあなたの立場

立　場	現場代理人

MEMO

釜場排水

　小規模な湧水の場合、図のように釜場を設置して集水し、水中ポンプで排水する。

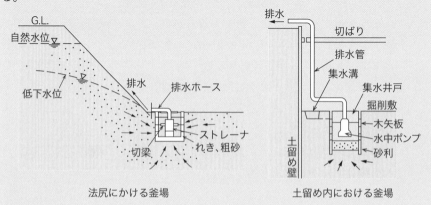

法尻にかける釜場　　　　　　　土留め内における釜場

【設問2】

(1) **工程管理**で特に留意した**技術的課題**

　　本工事は、○○市上水道の配水管を、市道下の土被り 1.2 m で、L＝500 m を即日復旧工法で布設する工事であった。

　　地質は軟弱で、湧水があり、当初予定の 1 日当たり作業量が確保できない状態となった。

　　このため、工程管理を重点課題とし、障害となる湧水対策の検討が課題となった。 ◀ **技術的課題**

[7行]

(2) 課題を解決するために検討した項目と**検討理由及び検討内容**

　　障害となった作業工程を分析したところ、ヒービングと地下水の排水不良の 2 つの要因が判明したため、以下の対策を検討した。 ◀ **検討理由**

　①当初はボーリングデータ等により湧水は少ないと考え、木矢板を当て、矢板で施工する設計であった。そこで、現場の状況を反映させた矢板の根入れを計算した。 ◀ **検討内容**

　②掘削時点で基床を練り返してしまい、地下水の排水が不十分であったため、作業効率が悪くなっていたので、掘削と水替え方法の作業手順を再検討することとした。

[11行]

(3) 上記検討の結果、**現場で実施した対応処置とその評価**

　　矢板をトレンチに変更し、根入れ長さを 1.0 m とし、ヒービングを防止した。 ◀ **対応処置**

　　掘削にあたっては、初期段階において床付け深さより 30 cm 深く、釜場を設置し、掘削の進行に合わせて両サイドに溝を掘り、釜場に排水させた。

　　その結果、排水による影響が減少し、作業効率が改善し、当初の工程を確保できた。

　　ヒービング防止のため、根入れ長を変更した点、水替え排水を優先させた点が評価に値する。 ◀ **その評価**

[9行]

6章

	管理項目	工　種	技術的な課題
No.12	品質管理	下水道工事	寒中コンクリートの品質管理

【設問1】

(1)工事名

工事名	○○幹線水路工事（○○処理区）

(2)工事の内容

① 発注者名	秋田県○○○○下水道事務所
② 工事場所	秋田県○○市○○町○丁目
③ 工　　期	令和○年 10 月 21 日～令和○年 3 月 20 日
④ 主な工種	土留め工
⑤ 施 工 量	現場打ち L 型擁壁 H＝4.0 m 鉄筋コンクリート 60 m^3

(3)工事現場における施工管理上のあなたの立場

立　場	現場主任

寒中コンクリート

　日平均気温が 4℃ 以下になることが予想されるときは、寒中コンクリートとしての施工を行わなければならないことに注意する。

　材料、配合、練混ぜ、運搬、打込み、養生、型枠及び支保工等について、所要の品質が得られるような措置をとらなければならない。

【設問2】

(1) **品質管理**で特に留意した**技術的課題**

　　本工事は○○下水道事業（○○処理区）によっ
て施工される、幹線水路φ1,200 mm に伴う現場打
ち L 型擁壁設置工事である。

　　コンクリート工事は、積雪地域の冬季において
行われることから、寒中コンクリートとしての施
工に注意する必要があり、寒中のコンクリート材 ◀ **技術的課題**
料の品質管理を課題とした。

[7行]

(2) 課題を解決するために検討した項目と**検討理由及び検討内容**

　　寒中でコンクリートの養生を行うために次の対 ◀ **検討理由**
策を行った。

①養生上屋を設置して、ヒーターで加熱する加熱 ◀ **検討内容**
　養生を検討した。

②初期凍結を防止するために、5 N/mm^2 の圧縮強度
　に達するまで、コンクリート温度を5℃以上とし、以
　後2日間は0℃以上を保つよう温度管理を行った。

③型枠には、熱伝導率の小さい木製型枠を使用す
　ることで、保温性を高めた。

　　以上により所定のコンクリート強度が確保でき
るように検討した。

[11行]

(3) 上記検討の結果、**現場で実施した対応処置とその評価**

　　検討の結果、現場では次の処置を行った。

　　コンクリート打設箇所を足場材とシートで囲い、 ◀ **対応処置**
ヒーターによる加熱養生を行った。

　　施工期間中は随時温度測定を行い、初期凍結を
防止するための初期養生温度を5℃、それ以後を
0℃に保つよう温度管理を実施し、寒中コンクリー
ト品質を保つ養生を実施した。

　　加熱養生と併せて、常に温度管理を怠らなかっ ◀ **その評価**
た点が評価できる。

[9行]

No.13	管理項目	工　種	技術的な課題
	工程管理	下水道工事	工事の遅れと工程の修正

【設問 1】

(1) 工事名

工事名	○○汚水○号幹線管渠工事

(2) 工事の内容

① 発注者名	神奈川県○○市
② 工事場所	神奈川県○○市○○町○丁目○番
③ 工　　期	令和○年 11 月 24 日〜令和○年 9 月 16 日
④ 主な工種	管路推進工
⑤ 施 工 量	管路推進工 φ1,000 mm、L＝450 m 立坑 H＝6.5 m、2 箇所

(3) 工事現場における施工管理上のあなたの立場

立　場	主任技術者

工程表の種類

　一般的に使用されている工程管理手法は、横線式（バーチャート）、座標式（斜線式）、曲線式（バナナ曲線）、ネットワーク式の 4 種類である。

　例文で書かれているクリティカルパスとは、全体工程に影響を与える一連の作業のことをいう。

【設問 2】

(1) 工程管理で特に留意した技術的課題

　　本工事は、○○汚水○号幹線において φ1,000 mm
の管渠を据え付けるために、推進工 L＝450 m と
一部オープン施工を実施するものである。

　　資材の手配及び資材置き場の確保等の準備不足
により、工事の開始が当初工程より 14 日遅れてい ◀ 技術的課題
ることが判明し、工期を短縮するために、主に推
進工事の工程管理が技術的課題となった。

[7 行]

(2) 課題を解決するために検討した項目と検討理由及び検討内容

　　推進工事の工期を短縮するために、次のような ◀ 検討理由
検討を行った。

　　工事開始の遅れ 14 日を考慮した実際のネット ◀ 検討内容
ワーク工程表を作成した。

　　この結果、全体工事スケジュールを決定してい
る大部分の作業が推進工であることが明確になり、
クリティカルパスをできる限り推進工のみとする
工程計画を検討した。

　　クリティカルパスを明確にすることによって、
推進工に人員を適切に投入し、優先的に工事を進
めるための工程管理の検討を行った。

[11 行]

(3) 上記検討の結果、現場で実施した対応処置とその評価

　　検討の結果、下記事項を実施した。

　　クリティカルパスを推進工とし、工程を見直し ◀ 対応処置
た結果、立坑工事、薬液注入工事、付帯工事につ
いて管轄警察署の道路使用許可の交付を受け夜間
工事併用が可能となった。

　　道路復旧等は管布設後に行うことで工期の短縮
が可能となり、工期内での施工ができた。

　　推進工を重点作業とし、夜間工事併用が可能と ◀ その評価
なった点が、評価できることである。

[9 行]

	管理項目	工 種	技術的な課題
No. 14	工程管理	下水道工事	シールドセグメントの発注管理

【設問 1】

(1) 工事名

工事名	三重県○○幹線工事

(2) 工事の内容

① 発注者名	三重県○○部○○課
② 工事場所	三重県○○市○○町地内
③ 工 期	令和○年 6 月 15 日〜令和○年 3 月 15 日
④ 主な工種	シールド工 人孔築造工
⑤ 施 工 量	シールド工 φ1,650 mm　L＝332.5 m 特殊人孔 1 箇所

(3) 工事現場における施工管理上のあなたの立場

立 場	現場代理人

圧気式シールド工法

圧気により湧水を防止する工法である。

発進立坑から推進した推進管をロック室とし、トンネル全体を圧気する。

【設問 2】

(1) 工程管理で特に留意した技術的課題

　　本工事は、国道○○号線の歩道下に、汚水管の
布設を、圧気式手掘りシールド工で行う工事である。
　　工事区間中に R＝30 m ～ 200 m のカーブが 4 箇
所あり、異型のセグメントを多用する必要があった。
　　セグメントは発注から現場での受入れまで最短
でも 20 日を必要としたため、発注管理方法が工程
管理の課題となった。

◀ 技術的課題

[7行]

(2) 課題を解決するために検討した項目と検討理由及び検討内容

　　シールド掘進は昼夜 2 班交代制で実施する計画
であり、曲線部ではシールドマシンの挙動に合わ
せて異型セグメントを使用するため、掘進先の地
質と過去の実績から、異型セグメントを当初の使
用に先立ち、調達する必要があった。

◀ 検討理由

　　施工半ばから後半にかけて、工程の遅れを生じ
させないため、以下の検討を行った。

①カーブ部の地質を調査して、セグメント組立て
　想定パターンを作成し、発注した。

②過去の実績を調査して余分な使用を避ける使用
　方法を検討した。

◀ 検討内容

[11行]

(3) 上記検討の結果、現場で実施した対応処置とその評価

　　検討の結果、以下の事項を実施した。

①カーブ部の地質は含水比の高い粘土層であった
　ため、高さをやや上げ、沈下を防止する組立て
　を想定して、セグメントを発注した。

②緊急に備えたパターンを想定し、予備のセグメ
　ントも準備したことにより、工期内完成ができた。

◀ 対応処置

　　今回の対応処置において、セグメント使用に対
して過去の実績等を考慮して、十分な準備を行っ
た点が評価点としてあげられる。

◀ その評価

[9行]

経験記述編
学科記述編
6章

No. 15	管理項目	工　種	技術的な課題
	安全管理	下水道工事	埋設管保護工の安全施工

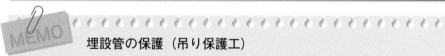

【設問 1】

(1) 工事名

工事名	○○幹線水路工事（○○処理区）

(2) 工事の内容

① 発注者名	秋田県○○○○下水道事務所
② 工事場所	秋田県○○市○○町○丁目
③ 工　　期	令和○年 10 月 21 日〜令和○年 3 月 20 日
④ 主な工種	管路工
⑤ 施 工 量	管路推進工 ϕ1,200 mm、L＝488 m

(3) 工事現場における施工管理上のあなたの立場

立　場	現場主任

MEMO

埋設管の保護（吊り保護工）

掘削時ガス管の吊り保護工とは下図のようなものである。

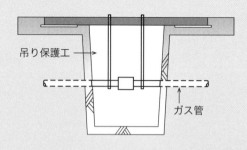

吊り保護工 →

← ガス管

【設問2】

(1) 安全管理で特に留意した技術的課題

　　本工事は○○下水道事業（○○処理区）によって施工される既設管 $\phi 1,200$ mm の移設工事である。

　　管路延長は 488 m で、2 箇所の立坑から推進工事を実施した。施工位置には、ガスの埋設管があり、立坑施工時に破損させる可能性が生じた。

　　よって、ガス管を保護し工事の安全を管理することを技術的課題とした。

<samp>◀ 技術的課題</samp>

[7行]

(2) 課題を解決するために検討した項目と検討理由及び検討内容

　　安全を確保するために次のような検討を行った。

<samp>◀ 検討理由</samp>

　　立坑位置にあるガス管を切り廻して、所定の工期内で工事を終わらせるのは非常に困難であった。

　　また、立坑の位置を変えることは用地の確保において困難であったため、当初計画通りに進めるものとして、埋設管を保護しつつ、沈下量を管理する方法を検討した。

<samp>◀ 検討内容</samp>

①自主管理値を −10 mm で継続、実施、測定とした
②一次管理値を −15 mm で指示、協議、対策とした
③限界管理値を −20 mm で中止、協議、対策とした

　　以上により、埋設管の安全を検討した。

[11行]

(3) 上記検討の結果、現場で実施した対応処置とその評価

　　検討の結果、下記事項を実施した。

　　施工時のガス管の保護は吊り保護によって行うことにより、掘削時における接触を避けるようにした。

<samp>◀ 対応処置</samp>

　　沈下量の計測は、掘削中は 1 日に 1 回、それ以外は 1 週間に 1 回程度の頻度で管理を行った。埋め戻し工は流動化処理工を行い、沈下の減少を図った結果、沈下量を −5 mm 以内に抑え、安全を確保した。

　　評価点は、沈下量の計測を頻繁に行うことにより管理ができたことである。

<samp>◀ その評価</samp>

[9行]

<samp>経験記述編</samp>

<samp>学科記述編</samp>

<samp>6章</samp>

No.16	管理項目	工 種	技術的な課題
	安全管理	下水道工事	道路幅員が狭い場所で行う管布設工の安全確保

【設問1】

(1)工事名

工事名	○○汚水幹線管布設工事

(2)工事の内容

① 発注者名	埼玉県○○部○○課
② 工事場所	埼玉県○○市○○地内
③ 工　期	令和○年10月21日～令和○年3月20日
④ 主な工種	管路工、人孔設置工
⑤ 施 工 量	管路工φ250 mm、L＝235 m 特殊人孔7箇所

(3)工事現場における施工管理上のあなたの立場

立　場	現場監督

歩行者通路を設ける場合

　歩行者通路を設ける場合は、その場所について目立つ位置へ看板を設置するなどして、わかりやすく知らせることが重要である。

【設問2】

(1) 安全管理で特に留意した技術的課題

　　私が経験した工事は、30年前に開発された団地内の
狭い道路内に汚水管φ250 mmを布設し、特殊人孔を
設置する工事であった。道路の有効幅員は3.4〜4.0 m
と狭く、管路を掘削幅850 mmで掘削すると歩行者通
路が確保できない状態となる。工事箇所は生活道路であ
り、歩行者通路の確保が要求された。狭い道路で行う
下水管布設工事での事故防止の安全対策を課題とした。

[7行]

(2) 課題を解決するために検討した項目と検討理由及び検討内容

　　狭い道路で行う下水管布設工事での歩行者に対する
事故を防止するために、以下の検討を行った。

・事前に工事箇所に隣接する住民に工事の内容を知ら
　せる方法を発注者と検討し、地元説明会を開催する
　ことにした。また、工事の数日前に具体的な状況と
　お願い事項を住民に知らせて理解を得る方法の検討
　を行った。

・民家の前を掘削する場合に使用する仮橋の検討（設
　置の容易さと安全性を考慮した構造）を行った。

・作業スペースが最小となる掘削機械及び運搬機械の
　選定を行った。

[11行]

(3) 上記検討の結果、現場で実施した対応処置とその評価

　　地元説明会の資料は、図と写真を使って作成した。
また、動画や3Dのデータを用いてわかりやすいものと
した。

　　掘削箇所を通行するために幅85 cmのアルミ製の仮
橋を作成し歩行者通路とした。さらに、掘削機械は小
旋回のバックホウを使用し、軽ダンプトラックとベルト
コンベアを多用した。

　　上記を実施したことで、苦情もなく安全に工事を完成
させることができ、発注者からも感謝された。

[9行]

技術的課題

検討理由

検討内容

対応処置

その評価

	管理項目	工　種	技術的な課題
No. 17	品質管理	河川工事	盛土材料の品質管理（最適含水比等）

【設問 1】

(1)工事名

工事名	○○堤防築堤工事

(2)工事の内容

① 発注者名	国土交通省○○地方整備局　　○○河川事務所
② 工事場所	熊本県○○市○○地内
③ 工　　期	令和○年 10 月 21 日～令和○年 3 月 20 日
④ 主な工種	河川土工、築堤盛土工、法覆護岸工、付帯道路工
⑤ 施 工 量	盛土 8,800 m³ コンクリートブロック工 325 m² 表層工 2,950 m²

(3)工事現場における施工管理上のあなたの立場

立　　場	現場責任者

土の乾燥密度

　突固めによる土の締固め試験では、含水比を変化させて得られる土の乾燥密度を曲線で表し、密度が最大となる含水比を最適含水比、そのときの最大密度を最大乾燥密度として表す。

【設問2】

(1) **品質管理**で特に留意した**技術的課題**

　　本工事は、○○川の既存堤防の強化を目的とした本
堤拡幅及び天端嵩上げをする工事であった。

　　盛土材は他工事から発生した土を流用する計画で
あった。発生土は2箇所に仮置きされており、土質や含
水比が異なるため、盛土に使用する土が要求された盛土
の品質を確保することが問題と考え、盛土材の品質確認
と施工における品質管理が課題となった。

技術的課題

[7行]

(2) 課題を解決するために検討した項目と**検討理由及び検討内容**

　　盛土の施工にあたり、所定の品質が確保できるように、
他工事で発生して2箇所に仮置きされている盛土に使用する
材料の土について、以下の検討を行った。

検討理由

①土の材料特性（コーン指数、最大乾燥密度、最適含水比）
を室内試験で確認することを検討した。

検討内容

②施工現場で試験盛土を実施して、最大乾燥密度の92%
以上を得る施工法（締固め機械の選定、1層の締固め厚
さ、締固め回数、施工時の含水比の範囲の確認　）を
検討した。

　　以上の検討を行い、盛土の品質を確保するための品質管
理計画を立案した。

[11行]

(3) 上記検討の結果、**現場で実施した対応処置とその評価**

　　2箇所に仮置きされた土のコーン指数は$410 \sim$
$480\,\mathrm{kN/m^2}$の範囲であり、盛土材の条件である
$400\,\mathrm{kN/m^2}$以上であるから使用した。締固め曲線より
最大乾燥密度の92%以上となる含水比の範囲は$6.5 \sim$
10.0%と定めて、簡易型含水比試験機器を用いて含水比
を測定した。締固め機械は、21 t級ブルドーザ、1層の
締固め厚さは30 cm、締固め回数は片道5回と定めた。

対応処置

　　以上を行い、現場密度試験結果は平均93%で品質
を確保できたことは評価点と考える。

その評価

[9行]

経験記述編　学科記述編　6章

No.18	管理項目	工　種	技術的な課題
	品質管理	河川工事	寒中コンクリートの品質管理

【設問 1】

(1) 工事名

工事名	○○川総合治水対策工事

(2) 工事の内容

① 発注者名	新潟県○○河川改修事務所
② 工事場所	新潟県○○市○○町○丁目
③ 工　　期	令和○年 10 月 17 日～令和○年 3 月 25 日
④ 主な工種	コンクリート護岸工
⑤ 施 工 量	もたれ式擁壁 H＝4.0 m 鉄筋コンクリート 102 m^3

(3) 工事現場における施工管理上のあなたの立場

立　場	現場監督

混和材料

　混和材料は、セメント、水、骨材以外の材料で、コンクリートに特別な性質を与える材料で下記に分類される。

混和材：ポゾラン活性が利用できるフライアッシュ、シリカフューム等
混和剤：ワーカビリティーを向上させ、単位水量、単位セメント量を減少させる
　　　　AE 減水剤等

【設問 2】

(1) 品質管理で特に留意した技術的課題

　　本工事は、河川改修工事により施工されるもた
れ式擁壁タイプの護岸工事である。

　　護岸基礎コンクリート打設工事は、12 月中旬よ
り始まり、施工現場区域は毎年、日平均気温が 4℃
以下になることから、寒中コンクリートとしての
施工となり、コンクリートの強度を確保すること ◀ 技術的課題
を品質管理の技術的課題とした。

[7行]

(2) 課題を解決するために検討した項目と検討理由及び検討内容

　　コンクリートの品質を確保するために、寒中コ ◀ 検討理由
ンクリートの施工として次の検討を行った。

①材料として、セメントは混合セメント B 種を使 ◀ 検討内容
　用するとともに、凍結した骨材や雪氷の混入し
　た骨材は使用しないように留意した。

②配合は、促進型の AE 減水剤を用い、AE コンク
　リートとし、水セメント比は、激しく変化しな
　い気温状況と露出状態から 65% と小さくし、凍
　結に対する抵抗性を高めるようにした。

③コンクリートの打込時温度を 5 ～ 20℃ の範囲と
　し、寒中コンクリートとしての品質を確保する。

[11行]

(3) 上記検討の結果、現場で実施した対応処置とその評価

　　寒中コンクリートとして施工するコンクリート
材料の品質を確保するために次のことを行った。

　　コンクリートは、先に検討した所定の材料、配 ◀ 対応処置
合を守り、ビニールシートで覆った上屋で骨材を
保存し、雪氷の混入を防止した。

　　打込み時の温度を 15℃ に保つようにして、作業
性も確保し、品質を確保した。

　　評価できる点としては、上屋での骨材保存がで ◀ その評価
き、温度低下に対処できたことである。

[9行]

No. 19	管理項目	工　種	技術的な課題
	品質管理	河川工事	盛土締固め工の品質管理

【設問 1】

(1)工事名

工事名	総合治水対策特定河川工事

(2)工事の内容

① 発注者名	長野県○○建設事務所
② 工事場所	長野県○○市○○町○○
③ 工　　期	令和○年 10 月 20 日～令和○年 3 月 20 日
④ 主な工種	河川土工（堤防築堤）
⑤ 施 工 量	掘削 5,100 m^3 盛土 42,800 m^3

(3)工事現場における施工管理上のあなたの立場

立　場	現場監督

かごマット護岸

　かごマット護岸とは、石材等を詰めた鉄線かごで河床等を覆う護岸工法で下図のように多段式と平張り式に分けられる。

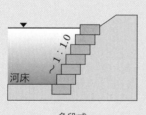

多段式

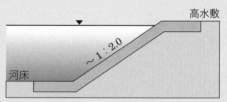

平張り式

【設問 2】

(1) **品質管理**で特に留意した**技術的課題**

　　本工事は、○○川のかごマット護岸による堤防改修工事であり、盛土の施工により計画堤防断面に改修する工事である。

　　計画堤防断面は堤高 8.2 m、堤頂幅 5.0 m、堤防延長 250 m の工事である。

　　計画堤防の 42,800 m^3 を盛土するにあたり、締固めの品質を確保することを課題とした。　◀ 技術的課題

[7行]

(2) 課題を解決するために検討した項目と**検討理由及び検討内容**

　　計画堤防盛土 42,800 m^3 の締固めの品質を確保するために以下の検討を行った。　◀ 検討理由

①盛土の施工には 15 t 級ブルドーザを用い、1 層の仕上がり厚さが 30 cm 以下となるよう敷均しを行った。このとき、締固め時に均一で安定したものとなるよう、沈下盤に 30 cm の目盛を付けて設置し、まき出しの管理を行うこととした。　◀ 検討内容

②締固めには、タイヤローラ 8 t を用い入念に締固め、締固めの管理は RI 計測器を用い 1,000 m^2 当たり 10 点の平均値が 90 %以上となるような品質管理を行うことを検討した。

[11行]

(3) 上記検討の結果、**現場で実施した対応処置とその評価**

　　盛土の締固めの品質を確保するために、次のことを行った。

　　施工範囲を 1 管理単位 1,000 m^2 とし、10 ブロックに分割して締固め管理を実施した。　◀ 対応処置

　　最大乾燥密度の規格値 90 %に対し、平均値 94 %を確保し、測定値のばらつきは ±2 %になる締固めにより、盛土の品質を確保することができた。

　　締固め管理をブロック分割により、細かく管理でき、規格値を確保できたことが評価点となる。　◀ その評価

[9行]

No.20	管理項目	工 種	技術的な課題
	工程管理	河川工事	コンクリート打設工程計画

【設問1】

(1)工事名

工事名	○○河川改修工事（○○排水機場）

(2)工事の内容

① 発注者名	横浜市○○局○○課
② 工事場所	横浜市○○町○丁目○番地
③ 工 期	令和○年9月10日～令和○年2月25日
④ 主な工種	排水機場工
⑤ 施 工 量	鉄筋コンクリート 240 m^3

(3)工事現場における施工管理上のあなたの立場

立 場	現場監督

コンクリートポンプ車

　コンクリートポンプ車とは、ミキサトラックが運んでくる生コンクリートを、パイプやホースを通じて打設場所へ圧送する装置を持った作業車のこと。

【設問2】

(1) 工程管理で特に留意した技術的課題

　　この工事は○○排水機場建設で行った下部工の
コンクリート打設工事である。

　　排水機場吸水槽の底版における1回のコンク
リート打設量が240 m³であり、コンクリートポン
プ車の1日当たり打設量とほぼ同じである。

　　よってコンクリートポンプ車の台数とコンク
リート打設計画を工程管理の技術的課題とした。

◀ 技術的課題

[7行]

(2) 課題を解決するために検討した項目と検討理由及び検討内容

　　コンクリートポンプ車の台数とコンクリート打
設計画を次のように検討した。

◀ 検討理由

　　コンクリートポンプ車の1台当たり標準吐出し
量は、1時間当たり35 m³である。このことから、
1日当たり作業時間7時間×35 m³＝245 m³の打
設が見込まれた。

◀ 検討内容

　　ポンプ車1台でも無理をすれば可能な量では
あったが、打設時のタイムロス等、厳しい工程に
よるミスの防止等を考慮し、コンクリートポンプ
車を2台配置することにより余裕のあるコンク
リート打設計画を検討することとした。

[11行]

(3) 上記検討の結果、現場で実施した対応処置とその評価

　　検討の結果、コンクリートポンプ車の打設は次
の対応処置を行った。

　　現場にはコンクリートポンプ車を2台配置し、
240 m³のコンクリート打設を行った。

◀ 対応処置

　　これにより、打設時間は当初ポンプ車1台の予
定より3時間短縮することができ、余裕をもった
工程を確保をすることができた。

　　安定した工程計画の確保には、建設機械を増や
すことが最良の処置であることが評価できた。

◀ その評価

[9行]

No. 21	管理項目	工　種	技術的な課題
	工程管理	河川工事	施工条件不良による工程確保

【設問 1】

(1)工事名

工事名	○○地区雨水幹線整備（1 工区）樋管基礎工事

(2)工事の内容

① 発注者名	山口県○○市
② 工事場所	山口県○○市○○町○丁目○番地
③ 工　　期	令和○年 6 月 20 日〜令和○年 3 月 27 日
④ 主な工種	杭打ち工
⑤ 施 工 量	PHC 杭 φ450 mm、32 本 杭長 18 m

(3)工事現場における施工管理上のあなたの立場

立　場	現場主任

河川堤防の法面浸食対策

　河川堤防の施工中は、降雨による法面浸食に注意しなければならない。降雨時、法面の一部に水が集中して流下すると法面浸食の主原因にもなるため、適当な間隔で仮排水溝を設けて降雨を流下させる。

　排水対策として、一般に多く採用されている工法としては降水の集中を防ぐための堤体横断方向に 3 〜 5％程度の勾配を設けながら施工する。

【設問2】

(1) **工程管理**で特に留意した**技術的課題**

　　この工事は、雨水幹線樋管工の杭基礎工事であり、排水本線の○○川を鋼矢板で締め切り、堤防を開削して本工事を行う。

　　降雨時には河川水位が増水し、河床以下の杭施工地盤面はドライワークが難しい状況であったため、大幅な施工日数の増加が見込まれ、工程の確保が技術的課題となった。

[7行]

(2) 課題を解決するために検討した項目と**検討理由及び検討内容**

　　雨水幹線樋管工事の杭基礎打設において、施工地盤の不良による工程の遅れを回避するため、施工方法を検討した。

　▶ 検討理由

　　降雨時の河川増水の上昇による影響を最小限にするために、ボーリング調査結果から、周辺地盤の地下水位を把握し、杭打設地盤高を地下水位以上に盛土する必要が生じた。

　　このことにより河川増水時、地下水位上昇時においても、地下水位と施工地盤との水位差をなくし、湧水を減少させることにより、作業効率を上げるように検討した。

　▶ 検討内容

[11行]

(3) 上記検討の結果、**現場で実施した対応処置とその評価**

　　工程確保のため、次の対応処置を行った。

　　締切り内の施工地盤高 GL−2.9 m を、ボーリング調査での地下水位 GL−1.8 m まで、0.9 m の盛土をし、ドライワークを可能にした。

　▶ 対応処置

　　河川水位は GL 換算で−0.7 m の掘込み河道で、増水時には釜場排水で対応できる程度であった。結果、杭打ち工程が確保できた。

　　作業効率の上昇には、ドライワークが最も効果的であり、盛土による対応が評価できる点である。

　▶ その評価

[9行]

経験記述編

学科記述編

6章

No. 22	管理項目	工　種	技術的な課題
	安全管理	河川工事	仮締切り時の安全施工

【設問 1】

(1) 工事名

工事名	○○○特定治水整備工事（○○工区）

(2) 工事の内容

① 発注者名	山梨県○○土木事務所
② 工事場所	山梨県○○市○○地先
③ 工　期	令和○年 11 月 10 日～令和○年 3 月 10 日
④ 主な工種	護岸工
⑤ 施工量	法枠式ブロック張り工 2,950 m²

(3) 工事現場における施工管理上のあなたの立場

立　場	現場監督

 MEMO

仮締切り工の種類

　河川の仮締切り工は、土のう式、土堤式、一重・二重鋼矢板式等に分けられる。

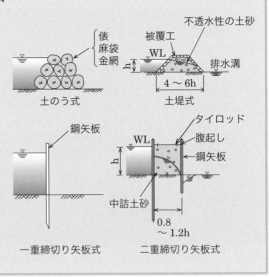

【設問2】

(1) 安全管理で特に留意した技術的課題

　　本工事はプレキャストコンクリート法枠に間詰めコンクリートを打設する、河川護岸工事である。

　　護岸施工にあたり、河川内へ盛土で仮締切りを行ったところ、仮締切りからの湧水が多く、法面崩壊の危険性が生じ、施工が困難な状態になった。

　　よって、湧水処理に対し安全に施工することが技術的課題となった。

◀ 技術的課題 ◀

[7行]

(2) 課題を解決するために検討した項目と検討理由及び検討内容

　　湧水に対し、仮締切りの安定を確保し、安全に施工するために次のことを検討した。

◀ 検討理由 ◀

　　盛土による仮締切り内には、$\phi100$ mm の水中ポンプ4台を設置し排水を行ったが、砂質分が多く、湧水により法面に崩壊が生じた。

　　そこで、仮設盛土法面に土木シートを張って遮水し、土木シートがはがれないように、法尻を土のうにより押さえることとした。

　　掘削工事側の法面については、盛土を補強する目的で、法尻部に土のうを積み、押さえ盛土による安定を検討した。

◀ 検討内容 ◀

[11行]

(3) 上記検討の結果、現場で実施した対応処置とその評価

　　仮締切り盛土を安定させるために、以下の処置を行った。

　　土木シートを、河川側の遮水とともに、掘削工事側の法面雨水による浸食防止のために布設した。

◀ 対応処置 ◀

　　法尻の補強は、土のうにより周囲を固定し、崩壊防止処置を行うことにより、安全な施工を確保することができた。

　　盛土の安定のために、浸食防止とともに、法尻補強による崩壊防止を図った点が評価できる。

◀ その評価 ◀

[9行]

No. 23	管理項目	工　種	技術的な課題
	安全管理	河川工事	吊り荷の落下やクレーン転倒事故防止

【設問1】

(1) 工事名

工事名	○○川河川改修工事

(2) 工事の内容

① 発注者名	茨城県○○部○○課
② 工事場所	茨城県○○市○○町地内
③ 工　期	令和○年6月15日〜令和○年2月20日
④ 主な工種	コンクリートブロック積み 帯コンクリート工
⑤ 施 工 量	コンクリートブロック積み 1,250 m^2 帯コンクリート工 38.5 m

(3) 工事現場における施工管理上のあなたの立場

立　場	現場監督

コンクリート積みブロックの施工

　図のように基礎コンクリートを打設して、コンクリートブロックをクレーンで設置する。

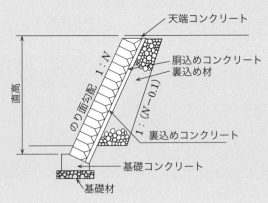

【設問2】

(1) 安全管理で特に留意した技術的課題

　　本工事は、2級河川○○川の改修工事であり、河川の両岸に帯コンクリートを設置し、コンクリートブロック積みを行うものであった。

　　左岸側は道路幅員が狭いため、ブロックの搬入や生コンクリートの打設を対岸からクレーンで施工する計画としたため、吊り荷の落下やクレーン転倒事故等の防止が課題となった。 ◀ 技術的課題

[7行]

(2) 課題を解決するために検討した項目と検討理由及び検討内容

　　左岸側の施工については、コンクリートブロック積みに使用するブロック材料と、帯コンクリートなどの生コンクリート材料を、右岸の平場からクレーンで吊り込み運搬する必要が生じた。 ◀ 検討理由

　　安全な吊り荷の方法やクレーンの安定を目的として以下の検討を行った。

①吊り荷の落下事故を防止するため、玉掛け作業 ◀ 検討内容
　主任者と合図人の役割を確認し、配置計画を検討した。

②クレーンを設置する対岸の基礎地盤の調査と補強方法を検討した。

[11行]

(3) 上記検討の結果、現場で実施した対応処置とその評価

　　上記計画に基づき、以下の事柄を実施し、安全に工事を完了できた。

①玉掛け作業は有資格者から選任した作業責任者 ◀ 対応処置
　が指揮し、別に合図人を配置した。

②クレーン設置箇所の地質と地耐力を測定し、軟弱な粘性土は礫質土で置き換え、鉄板（22 mm）を布設することにより補強した。

　　クレーン作業の重要点である作業責任者の配置 ◀ その評価
と、設置箇所の基礎地盤での対応が、評価できる。

[9行]

管理項目	工　種	技術的な課題
品質管理	造成工事	盛土の品質管理

No. 24

【設問 1】

(1) 工事名

工事名	○○○タウン○○宅地造成工事

(2) 工事の内容

① 発注者名	○○建設工業株式会社
② 工事場所	兵庫県○○市○○地内
③ 工　　期	令和○年 10 月 20 日～令和○年 3 月 20 日
④ 主な工種	調整池築堤工
⑤ 施 工 量	調整池容量 6,720 m^3 築堤延長 240 m　築堤土量 9,850 m^3

(3) 工事現場における施工管理上のあなたの立場

立　　場	現場責任者

MEMO

圧密沈下とは

　軟弱な粘土の中身は、土粒子、水と空気で構成される。圧密沈下とは、長期的に鉛直方向に荷重が加わって粘土内の水が時間経過に伴い排出され、体積が縮むことである。

【設問2】

(1) **品質管理**で特に留意した**技術的課題**

　　本工事は、○○建設工業発注による宅地造成工事
の調整池工事を行うものである。

　　調整池の基礎地盤は軟弱で圧密沈下が生じることが
わかっており、盛土工法はプレロード工法で地盤の強
度増加を図りながら、築堤を行うこととなっていた。よっ
て、圧密沈下量が目標の範囲内とするための盛土の品質
管理方法が課題となった。

［7行］

(2) 課題を解決するために検討した項目と**検討理由及び検討内容**

　　上記の課題に対して、築堤後の圧密沈下を確認するた
めに次の事項を検討した。

　　軟弱な基礎地盤での現場観測項目は、上部シルト層
5 m 上に地表面沈下板を設置し、調査地点の沈下量を
測定することを検討した。

　　下部シルト層 6.3 m には、層別沈下計を設置して土
層の沈下量を測定することと計画した。上部、下部のシ
ルト層内に間隙水圧計を設置して圧密進行状況を観測
することとした。各現場測定項目について、プレロード
終了まで定期的に測定し、圧密沈下量 42 cm の進行を
確認するようにした。

［11行］

(3) 上記検討の結果、**現場で実施した対応処置とその評価**

　　不動点から沈下板ロッド先端の水準測量を行い、各
現場測定地点で、盛土期間中は1日1回、1カ月目ま
では3日に1回測定した。

　　3カ月目までは1週1回、3カ月以降は1カ月1回
の測定頻度で実施した。各測点の沈下量は、グラフに
表して管理した。

　　適切な位置に計測器を設置し、最終的にプレロード
期間9カ月において圧密沈下量 42 cm となり目標を達
成できた。

［9行］

6章

No.25	管理項目	工　種	技術的な課題
	工程管理	造成工事	先行工事の遅れを取り戻す工程管理

【設問1】

(1)工事名

工事名	○○○タウン○○宅地造成工事

(2)工事の内容

① 発注者名	○○建設工業株式会社
② 工事場所	兵庫県○○市○○地内
③ 工　　期	令和○年9月10日～令和○年2月25日
④ 主な工種	防火水槽築造工（コンクリート二次製品）
⑤ 施 工 量	二次製品防火水槽40t

(3)工事現場における施工管理上のあなたの立場

立　　場	現場責任者

MEMO

コンクリート二次製品

　コンクリート二次製品は、プレキャストコンクリート二次製品ともいう。製造は建設現場ではなく工場で作る。工場では現場より良好な品質管理が行われるメリットがある。

【設問 2】

(1) **工程管理**で特に留意した**技術的課題**

　　本工事は、○○建設工業発注による宅地造成に伴い、防火水槽 40 m³ の設置工事を現場打ちコンクリート工法で行うものである。

　　造成工事の全体工程計画において、先行する他の工事で 20 日程度遅れが生じていることから、本防火水槽の設置工程において 20 日間の工期を短縮することを工程管理の課題とした。

技術的課題

[7 行]

(2) 課題を解決するために検討した項目と**検討理由及び検討内容**

　　上記の課題を解決するために、防火水槽工事において 20 日の工期を短縮するための対策を以下のように検討した。

検討理由

　　当初、現場打ちコンクリートで施工する予定であったが、予定した工程では 20 日間の遅れを解消できなかった。

検討内容

　　よって、バーチャートを見直して、底盤、側壁、頂盤の 3 回打設、養生に要する 28 日間の工期短縮を検討した。具体的には、防火水槽に二次製品を採用することで、クレーンでの吊り込み及び設置に 1 日、各ブロックを締め付けで 1 日、計 2 日間の短縮を検討し、合計で 26 日の工期短縮を図った。

[11 行]

(3) 上記検討の結果、**現場で実施した対応処置とその評価**

　　上記の検討の結果を踏まえて、工期短縮のために次のことを現場で実施した。

　　40 m³ の二次製品防火水槽は、中間ブロック 4 個、端面 2 面、ピット 1 個を基礎コンクリート 100 mm の上へ 50 t クレーンで吊り込んで据え付けた。

対応処置

　　また、本体は 4 隅を縦方向に 15.2 mm の PC 鋼線で締め付けた。

　　これに 2 日間を要し 26 日の工期短縮を図り、全体工程を予定通りとして満足させることができた。

その評価

[9 行]

No.26	管理項目	工　種	技術的な課題
	品質管理	橋梁工事	基礎杭の品質管理

【設問 1】

(1) 工事名

工事名	和歌山県道○○号線○○橋梁工事

(2) 工事の内容

① 発注者名	和歌山県○○課
② 工事場所	和歌山県○○市○○町○丁目－1
③ 工　期	令和○年 10 月 12 日～令和○年 3 月 25 日
④ 主な工種	杭基礎工
⑤ 施 工 量	鋼管杭 ϕ600 mm×20 m、6 本×2＝12 本

(3) 工事現場における施工管理上のあなたの立場

立　場	現場監督

杭の先端処理方法

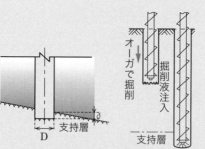

各工法の先端処理イメージ

D：杭径、δ: 貫入量

打撃工法　　プレボーリング工法　　中掘工法

【設問 2】

(1) **品質管理**で特に留意した**技術的課題**

　　本工事は、和歌山県○○市○○町に建設する県道○○線の○○橋梁で、下部工の基礎として鋼管杭600 mm、L＝20 m、12 本を施工するものである。

　　杭の先端部付近の地質は N 値 30 程度の砂礫層となっており、先端処理を根固め球根として支持力を得ることから、根固めに使用するセメントミルクの品質管理が技術的な課題となった。 ◀ 技術的課題

[7 行]

(2) 課題を解決するために検討した項目と**検討理由及び検討内容**

　　杭の先端処理として根固め球根を作るセメントミルクの品質を確保するために以下の検討を行った。 ◀ 検討理由

①噴出撹拌方式に用いるセメントミルクについて、 ◀ 検討内容
　計量器でポルトランドセメントの重量を計量し、
　水管計で用いる水を計量し使用量を確認する。

②水セメント比の確認は、計量した水にポルトランドセメントを投入し練り混ぜることにより、セメントミルクの比重を測定し、水セメント比は 60％となるように検討した。

③セメントミルクの圧縮強度は地質強度を考慮し、20 N/mm^2 を管理値とする品質管理を検討した。

[11 行]

(3) 上記検討の結果、**現場で実施した対応処置とその評価**

　　検討の結果、現場での管理は以下とした。

　　練り混ぜたセメントミルクをコンクリートミキサの吐出し口から採取し、比重を 60％に管理するとともに、採取したセメントミルクで、φ5×10 cm の円柱供試体を橋台ごとにそれぞれ 3 本作成し、圧縮強度を測定し、圧縮強度を 22 N/mm^2 以上となるように品質を確保することができた。 ◀ 対応処置

　　圧縮強度の品質管理において、基本に忠実に 3 個の供試体による測定とした点が評価に値する。 ◀ その評価

[9 行]

No. 27	管理項目	工　種	技術的な課題
	工程管理	橋梁工事	工程の修正計画

【設問1】

(1)工事名

工事名	和歌山県道○○号線○○橋梁工事

(2)工事の内容

① 発注者名	和歌山県○○課
② 工事場所	和歌山県○○市○○町○丁目
③ 工　期	令和○年10月12日～令和○年3月25日
④ 主な工種	杭基礎工
⑤ 施工量	鋼管杭ϕ600 mm×20 m、6本×2＝12本

(3)工事現場における施工管理上のあなたの立場

立　場	現場監督

MEMO

ドライワーク

　仮締切り工等において、機械や作業員が普通に作業でき、床掘りなどの作業に支障がない状態のことで、完全な乾燥状態を指すものではない。

【設問2】

(1) 工程管理で特に留意した技術的課題

　　本工事は、和歌山県○○市○○町に建設する県
道○○線の○○橋梁下部工の基礎として鋼管杭
600 mm、12 本を施工するものである。

　　○○川を鋼矢板で締め切り、本工事を行うこと
から、降雨時の河川増水で、河床以下となる施工
地盤面のドライワークが難しく、工程の遅延が予 ◀ 技術的課題
想され、工期の確保が技術的課題となった。

[7 行]

(2) 課題を解決するために検討した項目と検討理由及び検討内容

　　杭基礎打設、水位上昇による施工地盤の不良によ
る工程の遅れを回避するために次の検討を行った。

　　降雨時の河川増水、地下水の上昇による地盤の
軟弱化を防ぐために、ボーリング調査結果から、
周辺地盤の地下水位を把握し、杭打設地盤高が地 ◀ 検討理由
下水位以下にならないような施工方法を検討した。

　　施工基盤を嵩上げ盛土をすることにより河川増 ◀ 検討内容
水時あるいは地下水位上昇時においても、地下水
位と施工地盤との水位差をなくし、湧水も少なく
し、ドライワークを可能とすることにより、作業
効率を上げ、工程を確保するように検討した。

[11 行]

(3) 上記検討の結果、現場で実施した対応処置とその評価

　　工程確保のため、次の対応処置を行った。

　　締切り内の施工地盤高 GL−2.5 m をボーリング
調査結果で得られた地下水位 GL−1.4 m まで盛土 ◀ 対応処置
をすることとした。

　　河川水位は GL 換算で−0.7 の掘込み河道であっ
たこともあり、増水時には釜場排水で対応でき、
その結果、杭打ち工程の確保ができた。

　　評価点は、施工地盤高を地下水位に応じて高くす ◀ その評価
ることにより、施工を容易にしたことである。

[9 行]

	管理項目	工　種	技術的な課題
No. 28	安全管理	橋梁工事	コンクリート打設時の安全施工

【設問 1】

(1)工事名

工事名	岩手県○○号線○○橋梁工事

(2)工事の内容

① 発注者名	岩手県○○課
② 工事場所	岩手県○○市○○町○○
③ 工　期	令和○年 5 月 1 日～令和○年 1 月 20 日
④ 主な工種	橋台工（コンクリート工）
⑤ 施 工 量	鉄筋コンクリート 205 m^3 型枠 240 m^2

(3)工事現場における施工管理上のあなたの立場

立　場	現場監督

型枠及び支保の取り外しに必要な圧縮強度の参考値

部材面の種類	例	圧縮強度 (N/mm^2)
厚い部材の鉛直または鉛直に近い面、傾いた上面、小さいアーチの外面	フーチングの側面	3.5
薄い部材の鉛直に近い面、45°より急な傾きの下面、小さいアーチの内面	柱、壁、梁の側面	5.0
橋、建物等のスラブ及び梁、45°より緩い傾きの下面	スラブ、梁の底面、アーチの内面	14.0

【設問2】

(1) 安全管理で特に留意した技術的課題

　　本工事は、県道○○号線工事で、○○川に計画
された橋梁工事で、上部工はPC単純T桁、下部
工は逆T式杭橋台で施工するものである。

　　下部工の施工にあたり、高さが6m、部材厚が
2.00mと厚いことから、コンクリート打設時の型
枠変形により破損のおそれが予想され、破損事故 ◀ 技術的課題
防止が安全管理の技術的課題となった。

[7行]

(2) 課題を解決するために検討した項目と検討理由及び検討内容

　　型枠の変形による破損事故防止のために以下の ◀ 検討理由
ことを検討した。

①コンクリート打設前に、型枠の折れ曲がりや通 ◀ 検討内容
　り、高さ等、設置精度の点検を行う。

②取り付け金具の緩みをチェックし、ハンチ部の
　浮き上がり防止が確実になされていることなど、
　施工時の確認作業を検討した。

③型枠内の状況を確認し、コンクリート打設中は
　型枠の見張り役を一人決めて配置し、変形状況
　のチェックを常に行い、コンクリート打設時の
　型枠変形を防止するための安全管理を検討した。

[11行]

(3) 上記検討の結果、現場で実施した対応処置とその評価

　　現場において以下の処置を行った。

　　設置した型枠は、下げ振りで垂直方向の変形を
1面3箇所でチェックし、トランシットによる計 ◀ 対応処置
測の通り、変形がないことを確認した。

　　コンクリート打設時には、型枠を組み立てた大
工を配置して応急処置に備えることで、安全に工
事を終了することができた。

　　型枠の変形を、安全施工の要点として対応処置 ◀ その評価
を行ったことが、評価できる点である。

[9行]

経験記述編 ▽
学科記述編 ▽
6章

No.29	管理項目	工　種	技術的な課題
	工程管理	橋梁工事	基礎杭の工程管理

【設問1】

(1) 工事名

工事名	橋梁新設工事

(2) 工事の内容

① 発注者名	埼玉県○○部○○課
② 工事場所	埼玉県○○市○○地内
③ 工　期	令和○年9月15日〜令和○年2月20日
④ 主な工種	橋梁下部工
⑤ 施 工 量	基礎杭　φ1,000 mm、L＝44 m　30 本

(3) 工事現場における施工管理上のあなたの立場

立　場	現場責任者

中掘り杭工法

項目	留意点
工法概要	杭の中空部をオーガにより先端部を掘削しながら、支持地盤まで圧入する工法であり、杭体に孔壁を保護する役割を持たせる
先端処理	最終打撃方式、セメントミルク噴出撹拌方式及びコンクリート打設方式の3工法があり、それぞれの規定に準じて施工する

【設問2】

(1) 工程管理で特に留意した**技術的課題**

　　本工事は1級河川○○川内に橋脚を新設する工事
であった。河川内の工事のため出水期前に橋脚躯体工
事を完了させる必要があった。橋脚の基礎は鋼管矢板
（φ1,000、L=44 m）を中掘り杭工法で30本沈設す
るものであったが、継手の摩擦と地質の粘着力等により
打設が困難となり工程が大幅に遅れた。このため工法
変更と工程管理の再計画が課題となった。

[7行]

◀ 技術的課題 ◀

(2) 課題を解決するために検討した項目と**検討理由及び検討内容**

　　鋼管矢板の沈設を可能にする補助工法の検討と、残
工事の新たな工程の管理を行うために以下の検討を行っ
た。

①社内の技術部と専門業者で工法対策会議を実施し、
　最新技術情報の収集と過去の実績を調査した後、抽
　出した複数の補助工法を安全性、経済性、実現性、
　効率性について比較検討した。

②上記で検討した補助工法を採用した場合の工程管理
　を、従来使用した横線式工程表からネットワーク工
　程表に変え、橋脚工事の各工種間の関係とクリティ
　カルパスを管理する手法の検討を行った。

[11行]

◀ 検討理由 ◀

◀ 検討内容 ◀

(3) 上記検討の結果、**現場で実施した対応処置とその評価**

　　以下の対応処置で工程の遅れを回復させた。

　　中掘り杭工法の補助工法として①高圧ウォーター
ジェット②バイブロハンマ③油圧ハンマを適宜使用し、
沈設効率の低下を防止した。

　　工程の管理は、ネットワーク工程表で日々の進捗と後
工程のクリティカルパスを把握し目標の完了日を遵守した。

　　評価点は、複数のメンバーで補助工法の検討及び各
作業の余裕時間を管理したことで橋脚工事を目標の期日
前に完了できた点である。

[9行]

◀ 対応処置 ◀

◀ その評価 ◀

	管理項目	工　種	技術的な課題
No.30	品質管理	橋梁工事	コールドジョイントの発生防止

【設問1】

(1)工事名

工事名	橋梁新設工事

(2)工事の内容

① 発注者名	埼玉県○○部○○課
② 工事場所	埼玉県○○市○○地内
③ 工　期	令和○年9月15日〜令和○年2月20日
④ 主な工種	橋梁下部工
⑤ 施 工 量	基礎杭　φ1,000 mm、L＝44 m　30 本 コンクリート工　1,200 m^3

(3)工事現場における施工管理上のあなたの立場

立　場	現場責任者

コンクリートの打ち重ね時間
（練混ぜから打ち終わりまでの許容時間）

　フレッシュコンクリートの品質は、練上げからの時間経過とともにスランプが低下し、充填不良などが発生する。そのため、なるべく早期に打ち終わることが求められる。例えば土木学会によると、下表のように示されている。

外気温	許容時間
25℃以下	2.0 時間
25℃を超える	1.5 時間

【設問2】

(1) 品質管理で特に留意した**技術的課題**

　　本工事は1級河川○○川内に橋脚を新設する工事で
あった。橋脚の基礎は鋼管矢板を30本沈設し、内部
を掘削後に鉄筋を組み立て、コンクリート1,200 m³ 打
設するものであった。躯体の高さは20 mであり3回に
分けて打設した。橋脚内部は鉄筋が複雑に配置され、 ◀ 技術的課題
コンクリートの締固め不足や材料分離、コールドジョイ
ントの発生が懸念され品質確保が課題となった。

[7行]

(2) 課題を解決するために検討した項目と**検討理由及び検討内容**

　　コンクリートの打ち重ねや打継ぎ時点の品質不良を防 ◀ 検討理由
止するために以下の検討を行った。

　　社内の技術部とコンクリート打設業者で施工検討会 ◀ 検討内容
議を実施し、コンクリートのコールドジョイント防止対策
の最新技術情報の収集と過去の実績を調査及び比較
検討した。検討内容は、①締固め厚さと間隔の管理方
法、②コンクリートの打ち重ね時間の管理方法、③レイ
タンス除去方法、④ブリージング水の除去方法、⑤作
業手順を作業員へ周知徹底する方法の5項目であった。
上記5項目の検討を行い、コンクリートの打設手順書
を作成した。

[11行]

(3) 上記検討の結果、**現場で実施した対応処置とその評価**

　　上記の検討の結果、以下の項目の対応処置を現場で
実施し、コンクリートの品質を確保した。
①締固め厚さと締固め間隔は40 cmと定め定規を用い
て管理した。②打ち重ね時間間隔は1.5時間以内としア ◀ 対応処置
ラーム音で知らせた。③レイタンス除去は薬剤を散布し、
④ブリージング水は小型ポンプで除去した。⑤作業手
順は施工前に全作業員へ教育し周知徹底した。

　　これらを実施したことで橋脚躯体コンクリートの品質 ◀ その評価
目標を達成できたことは評価点であると考える。

[9行]

6章

	管理項目	工　種	技術的な課題
No. **31**	品質管理	農業土木工事	暑中コンクリートの品質管理

【設問1】

(1)工事名

工事名	○○○排水機場2工事

(2)工事の内容

① 発注者名	静岡県○○部○○課
② 工事場所	静岡県○○市○○地内
③ 工　期	令和○年5月1日〜令和○年1月20日
④ 主な工種	下部工（コンクリート工）
⑤ 施 工 量	コンクリート打設量530 m³

(3)工事現場における施工管理上のあなたの立場

立　場	現場主任

セメントの水和熱

各セメントの水和熱（材齢7日）は、以下の通り。

セメントの種類	水和熱〔cal/g〕
早強ポルトランドセメント	約 75
普通ポルトランドセメント	約 70
中庸熱ポルトランドセメント	約 55
低熱ポルトランドセメント	約 50

夏の暑い日の施工は、温度上昇によるひび割れなどの品質低下を防止するため、発熱量が少ないセメントを選択することが有効である。

【設問 2】

(1) **品質管理**で特に留意した**技術的課題**

　　本工事は県営かんがい排水事業で実施する○○機場
の下部工コンクリート工事である。

　　コンクリート打設工事は 8 月の第 1 週で、昨年の同
時期の気温を調べると、1 日の平均気温が 25℃を超え
る日が 5 日間あった。

　　よって、夏季に施工するコンクリートの品質を確保する　　◀ 技術的課題
ことを課題とした。

[7 行]

(2) 課題を解決するために検討した項目と**検討理由及び検討内容**

　　猛暑が予想される環境で、コンクリート打設するため　　◀ 検討理由
の施工で品質を確保するために次の検討を行った。

　①レディーミクストコンクリート出荷工場と協議し、セメ
　　ントは低温貯蔵された通常より温度の低いものを練混　　◀ 検討内容
　　ぜに使用することとした。

　②コンクリート打設前に、型枠の温度上昇防止対策を社
　　内技術会議で検討し、型枠や鉄筋のシート養生や散水
　　で温度を下げるとともに湿潤状態にする計画とした。

　③コンクリートの打込み時間を短くし、仕上がり面には、
　　急激な水分の蒸発を防ぐために被膜養生剤を塗布し
　　て、暑中コンクリートの品質を確保した。

[11 行]

(3) 上記検討の結果、**現場で実施した対応処置とその評価**

　　施工前に現場の温度計で気温を測定したところ 32 度
であり、日射が強いことから以下の暑中コンクリートの
対策を実施した。

　　工場への練り上がり温度を下げる等の事前指示とと　　◀ 対応処置
もに、コンクリートポンプ車を計画より 1 台追加し、作業
効率をアップした。練り混ぜから打ち終わるまでの時間
を 1.5 時間以内にすることができた。

　　型枠などへ常に散水を行い暑中コンクリートの品質を　　◀ その評価
確保することができたことは評価点であると考える。

[9 行]

No. 32	管理項目	工　種	技術的な課題
	品質管理	農業土木工事	コールドジョイントの発生防止

【設問 1】

(1) 工事名

工事名	○○○排水機場 2 工事

(2) 工事の内容

① 発注者名	静岡県○○部○○課
② 工事場所	静岡県○○市○○地内
③ 工　　期	令和○年 5 月 1 日～令和○年 1 月 20 日
④ 主な工種	下部工コンクリート工
⑤ 施 工 量	コンクリート打設量 530 m³

(3) 工事現場における施工管理上のあなたの立場

立　場	現場責任者

コールドジョイント

　夏の暑い日では、先に打ち込んだコンクリートが早く固まり、後から打つコンクリートと一体にならいことがある。この現象を、コールドジョイントと呼ぶ。このような境目（継重目）は、漏水などの原因となる。

【設問 2】

(1) 品質管理で特に留意した技術的課題

　　本工事は県営かんがい排水事業で実施する○○機場
の下部工コンクリート工事である。

　　下部工の壁高は 7.4 m と比較的高く、またコンクリー
ト総打設量が 530 m³ と多いことから、打継目が必要
になる。

　　施工にあたり、打継目コールドジョイントの発生防止　　◀ 技術的課題
を課題とした。

[7行]

(2) 課題を解決するために検討した項目と検討理由及び検討内容

　　コンクリート打継目のコールドジョイント発生を防止す　　◀ 検討理由
るために、次のことを検討した。

　　水槽壁のコンクリートを打ち込む際、外気温を測定し　　◀ 検討内容
たところ 32 度であったため、打重ね時間間隔を 2 時間
以内となる区画を計画した。

　　また、1 層の高さを 30 cm 程度とし、バイブレータを
コンクリートの流れの先端に追従させながら、ジョイン
ト面を十分に締め固めるように検討した。これによりコ
ンクリートの練混ぜから打込み時間を短くして、コール
ドジョイントの発生を防止し、コンクリート打継目の施
工を計画した。

[11行]

(3) 上記検討の結果、現場で実施した対応処置とその評価

　　コールドジョイントの発生を防止するため、次の対応
処置を行った。

　　練混ぜから打込みの時間が 80 分となることから、測　　◀ 対応処置
定した外気温 32 度から判断して、打重ね時間間隔を 2
時間以内とした。

　　また、バイブレータを下層に 10 cm 程度挿入し、十
分に締固めを行うように施工した。

　　上記の結果、コールドジョイントは発生しなかったこ　　◀ その評価
とは評価点であると考える。

[9行]

No. 33	管理項目	工　種	技術的な課題
	工程管理	農業土木工事	工程計画修正

【設問 1】

(1)工事名

工事名	○○排水機場 2 工事

(2)工事の内容

① 発注者名	栃木県○○農林事務所
② 工事場所	栃木県○○市○○－○
③ 工　　期	令和○年 6 月 10 日〜令和○年 2 月 20 日
④ 主な工種	護岸工
⑤ 施 工 量	張りブロック護岸 72 m 法長 4.80 m

(3)工事現場における施工管理上のあなたの立場

立　場	現場監督

大型土のう

　大型土のうは、標準 1 m³ を袋の中に詰めて用いるもので、圧縮強度、耐衝撃性、摩擦特性などを向上させた耐候性大型土のう等がある。

　大型土のうによる仮締切り工は右図のように行う。

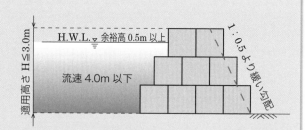

適用高さ H ≦ 3.0m
H.W.L. 余裕高 0.5m 以上
流速 4.0m 以下
1:0.5 より緩い勾配

【設問2】

(1) **工程管理**で特に留意した**技術的課題**

　　本工事は県営かんがい排水事業で実施する○○機場の河川護岸で法長 4.80 m の張りブロックを上下流 72 m 施工するものである。

　　護岸施工時に、大型土のうにより仮締切りを施工したが、湧水が当初の予想より多く基礎部のコンクリートの施工が困難となり、遅延が予想されたため工程計画の修正が技術的課題となった。 ◀ 技術的課題

[7行]

(2) 課題を解決するために検討した項目と**検討理由及び検討内容**

　　工期を守るために下記事項の検討を行った。 ◀ 検討理由

　　盛土による仮締切り内には、$\phi 100$ mm の水中ポンプ4台を設置して掘削を行ったが、法面からの湧水が多く、一部に崩壊が予想された。

　　そこで、仮設盛土法尻に土のうを積み、押え盛土の効果により、法面の補強と湧水対策を検討したが、それにより5日の延長が予想された。 ◀ 検討内容

　　残工事を整理し、工程計画を修正するために、再度ネットワーク工程表を作成し、その修正工程により、重点的に管理が必要な作業を把握し、工程を確保するように検討した。

[11行]

(3) 上記検討の結果、**現場で実施した対応処置とその評価**

　　検討の結果、以下のことを実施した。

　　修正工程により、重点的に管理が必要となった工種が、基礎コンクリート工、法面整形工、護岸ブロック工と判明した。

　　作業員を4名増員するとともに、資材納入の調整も併せて行った。その結果、湧水対策に費やした5日の短縮が可能となり、工期を確保できた。 ◀ 対応処置

　　重点管理工種を見いだしたことにより、対応処置を行った点が評価できる。 ◀ その評価

[9行]

6章

No. 34	管理項目	工　種	技術的な課題
	工程管理	農業土木工事	推進工のクリティカルパスの明確化

【設問 1】

(1)工事名

工事名	第○号幹線用水路改修その 1 工事

(2)工事の内容

① 発注者名	山梨県○○市
② 工事場所	山梨県○○市○○町
③ 工　　期	令和○年 8 月 15 日～令和○年 6 月 22 日
④ 主な工種	用水管路工（推進工）
⑤ 施 工 量	管路推進工 φ900 mm、L＝1,020 m 立坑 H＝7.5 m、2 箇所

(3)工事現場における施工管理上のあなたの立場

立　場	現場代理人

クリティカルパス

　クリティカルパスは最初の作業から最後の作業に至る「最長パス」である。
下図の例では、色線（—）の 20 日がクリティカルパスとなる。

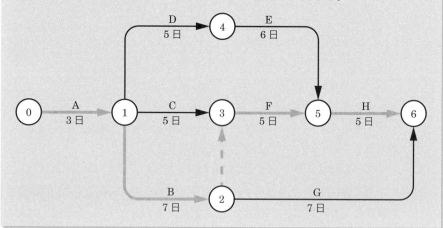

【設問2】

(1) **工程管理**で特に留意した**技術的課題**

　　本工事は農業用水路改修に伴う、用水管 L＝
1,020 m の施設工事であり、農地への用水を使用
していない、非かんがい期間内に完了させなければ
ばならなかったが、地元調整の遅れにより、工事
開始が当初工程より 16 日遅れてしまった。

　　この遅れを取り戻すために、工期を短縮すると
いう工程管理を課題とした。

◀ 技術的課題

[7行]

(2) 課題を解決するために検討した項目と**検討理由及び検討内容**

　　推進工事の工期を短縮するために、次のような
検討を行った。

◀ 検討理由

　　当初工程より、工事開始の遅れ 16 日を考慮し
た実際の工程表を作成した。これにより、全体工
事スケジュールを決定している工事の大部分が推
進工であることが明確になり、クリティカルパス
をできる限り推進工のみとする工程計画を検討し
た。

◀ 検討内容

　　クリティカルパスを明確にすることにより、推
進工に人員を適切に投入し、優先的に工事を進め
るような工期短縮を検討した。

[11行]

(3) 上記検討の結果、**現場で実施した対応処置とその評価**

　　クリティカルパスを推進工のみとするために、
立坑工事、薬液注入工事、付帯工事は発注者・道
路管理者と協議のうえ、道路使用許可の交付を受
け、夜間作業の併用を行った。

◀ 対応処置

　　また、道路復旧等は管布設後に行うことにより、
工期短縮を行い、工期が厳守できた。

　　クリティカルパスの明確化により、重点管理作
業である推進工を昼夜間併行作業に変更できた点
が評価点と判断できる。

◀ その評価

[9行]

経験記述編

学科記述編

6章

	管理項目	工　種	技術的な課題
No. **35**	安全管理	農業土木工事	杭基礎工の安全施工

【設問 1】

(1) 工事名

工事名	○○排水機場工事

(2) 工事の内容

① 発注者名	栃木県○○農林事務所
② 工事場所	栃木県○○市○○－○
③ 工　　期	令和○年 6 月 20 日～令和○年 2 月 20 日
④ 主な工種	基礎工
⑤ 施 工 量	PHC 杭 ϕ600 mm（A 種）×26 m×50 本

(3) 工事現場における施工管理上のあなたの立場

立　　場	現場監督

杭工法

杭工法は以下のように分類される。

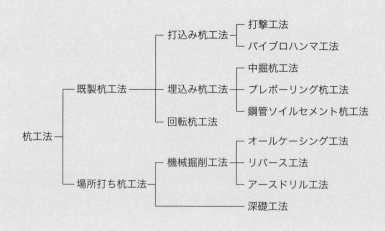

【設問 2】

(1) **安全管理**で特に留意した**技術的課題**

　　本工事は県営かんがい排水事業で実施する○○機場の下部工基礎杭26 mを50本施工するものである。

　　現況水路を埋め戻して杭を打設することから、施工基盤が軟弱となり、軟弱地盤による杭打ち機の転倒を防止することと、ヤットコ使用後の穴への労働者の落下を防止すること等、基礎杭施工時の安全管理を技術的課題とした。

◀ 技術的課題

[7行]

(2) 課題を解決するために検討した項目と**検討理由及び検討内容**

　　軟弱な施工基盤による杭打ち機の転倒防止と、ヤットコ使用後の穴への落下という労働災害を防止するために以下の検討を行った。

◀ 検討理由

　　埋め戻した土水路内での杭打ち機の転倒を防止するために、排水路河床の堆積土を湿地ブルドーザで掘削し、別工区で発生した砂質土を埋め戻したうえで、作業範囲に鉄板を敷くこととし、杭打ち機の安定を確保するように検討した。

◀ 検討内容

　　また、ヤットコを使用して杭を打設した後の穴には、発生土を使用して埋め戻し、労働者への周知徹底を図ることにより労働者の安全を検討した。

[11行]

(3) 上記検討の結果、**現場で実施した対応処置とその評価**

　　杭打ち時の労働災害を防止するために、現場では以下の対応処置を行った。

　　杭打ち機の安定を確保するために、堆積土の排除後に、別工区で発生した砂質土を60 cm敷きならし、鉄板を走行範囲に2列で布設した。

◀ 対応処置

　　杭打ち後は仮置きしておいた発生土を用い、ヤットコの穴を埋め**安全施工**を実施した。

　　対応処置において、ヤットコ施工における、杭打ち機の安定確保を重点としたことが評価点である。

◀ その評価

[9行]

No. 36	管理項目	工　種	技術的な課題
	工程管理	上水道工事	湧水処理対策における計画工程の確保

【設問 1】

(1) 工事名

工事名	○○号線水道管布設工事

(2) 工事の内容

① 発注者名	石川県○○部○○課
② 工事場所	石川県○○市○○地内
③ 工　　期	令和○年 6 月 20 日～令和○年 2 月 20 日
④ 主な工種	ポリエチレン管布設工 ϕ100 mm
⑤ 施 工 量	ポリエチレン管布設工　L＝732 m 仕切り弁設置工　10 箇所

(3) 工事現場における施工管理上のあなたの立場

立　場	現場責任者

釜場とは

　釜場とは、地下水などの水を集めるために作る穴のこと。下水工事の床付け時に、湧き出る地下水を水中ポンプで排水するためのピットを指す。

【設問2】

(1) 工程管理で特に留意した技術的課題

　　本工事は、上水道の配水管（ポリエチレン管 ϕ100 mm）を土被り 1.2 m で L＝732 m 区間を即日復旧で道路開放する工事であった。地質は軟弱で湧水があり、当初予定した 1 日当たりの進捗施工できない状態となった。このため工期内に完成させるための工程管理を重点課題とし、予定した進捗を確保できる工程の検討が課題となった。

◀ 技術的課題

[7 行]

(2) 課題を解決するために検討した項目と検討理由及び検討内容

　　進捗の遅れの原因となった作業工程を分析したところ、矢板の根入れ不足によるヒービング及び湧水の排水不良で足場が軟弱となる要因が判明した。これを受けて予定進捗の確保のため以下の対策を検討した。

◀ 検討理由

①当初の計画は、湧水が少ないと考え、山留め工は木矢板で施工するものであった。そこで現場の状況にあった矢板の根入れを計算した。

◀ 検討内容

②湧水がある軟弱な粘土層の足元を練り返してしまい作業効率が悪くなっていたことがわかった。そこで、掘削と水替え方法の作業手順を再検討したうえで、作業手順書を作成した。

[11 行]

(3) 上記検討の結果、現場で実施した対応処置とその評価

　　木矢板を簡易鋼矢板に変更し、根入れ長さを 1.5 m とすることで、ヒービングを防止した。また、掘削の床付けの際に 30 cm 深く釜場を設置して、掘削の進行に合わせて両サイドに素掘り溝を設置して釜場排水を行った。

◀ 対応処置

　　上記を実施したことで、作業効率が改善し当初の計画工程の遅れを取り戻すことができた。土留め工と排水方法を改善したことで、工程の遅れを取り戻せたことは評価点である。

◀ その評価

[9 行]

経験記述編

学科記述編

6章

No.37	管理項目	工　種	技術的な課題
	工程管理	下水道工事	鋼矢板の打込みの工程管理

【設問 1】

(1)工事名

工事名	○号幹線水路工事

(2)工事の内容

① 発注者名	千葉県○○整備センター
② 工事場所	千葉県○○市○○地内
③ 工　　期	令和○年 6 月 20 日～令和○年 2 月 20 日
④ 主な工種	架設土留め工
⑤ 施 工 量	鋼矢板Ⅲ型 282 枚、L＝7.0 m

(3)工事現場における施工管理上のあなたの立場

立　　場	現場責任者

N 値

　N 値は、地盤の強度を表す数値で、標準貫入試験によって求める。標準貫入試験は、測定器具の先端に取り付けた 63.5 kg の重りを 76 cm の高さから自由落下させて、土中のサンプラーを 30 cm 貫入させるまでに要した打撃の回数（＝N 値）を求める。打撃回数が大きいほど地盤の強度は大きいことになる。

【設問 2】

(1) **工程管理**で特に留意した**技術的課題**

　　本工事は、千葉県○○整備センター発注の○号幹
線水路工事で、ボックスカルバートを施工するために山
留めを行うものである。

　　周辺に宅地があり、鋼矢板を低公害工法で圧入する
ことになっていたが、砂層でN値が40と硬く圧入が困 技術的課題
難と考えられたので、矢板が工程計画通りとなるよう打
設工程管理を課題にした。

[7行]

(2) 課題を解決するために検討した項目と**検討理由及び検討内容**

　　周辺に宅地があり、低公害工法として油圧式圧入機 **検討理由**
で鋼矢板を圧入するが、N値40の砂層に矢板を建て込
み、土留め工を施工するために、次の検討を行った。

　　油圧圧入機の施工可能N値は15程度であり、砂層 **検討内容**
N値40を圧入するのは不可能であった。よって補助工
法を用いることとし、アースオーガ工法とウォータージェッ
ト工法を比較検討した。

　　検討の結果、補助工法には、アースオーガに比べ仮
設備が小さいウォータージェットを併用することとして、
砂層を打ち抜いて鋼矢板7.0mを圧入で確保することが
できるよう計画した。

[11行]

(3) 上記検討の結果、**現場で実施した対応処置とその評価**

　　上記の検討の結果、鋼矢板7.0mを圧入するために
次の処置を現場で行った。

　　現場の地質状況から判断し、油圧圧入機に補助 **対応処置**
工法として14.7MPaのウォータージェットを用いた。
ウォータージェットの使用はN値40を打ち抜くまでの
4.3mとし、残り2.7mはジェットを使用しないで圧入
することとした。

　　これにより、282枚の鋼矢板を計画した工程通りに **その評価**
打設することができたことが評価点と考える。

[9行]

管理項目	工　種	技術的な課題
品質管理	土地造成工事	擁壁工コールドジョイント防止対策

【設問1】

(1)工事名

工事名	○○遊水池改修工事

(2)工事の内容

① 発注者名	京都府○○広域振興局
② 工事場所	京都府○○市○○町地先
③ 工　　期	令和○年7月22日～令和○年1月26日
④ 主な工種	遊水池擁壁工（コンクリート工）L＝56 m
⑤ 施 工 量	コンクリート打設量 680 m^3

(3)工事現場における施工管理上のあなたの立場

立　場	現場代理人

凝結

　フレッシュコンクリートは、水和反応によって時間とともに流動性を失って固まる。このことを凝結という。

　コンクリートを打ち重ねる場合は、コールドジョイントを防止するために、凝結が始まる前に上部のコンクリートを下部コンクリートの上に打設する必要がある。

【設問2】

(1) 品質管理で特に留意した技術的課題

　　本工事は○○地区の遊水池貯水量を増加させる
ための擁壁コンクリート工事である。

　　擁壁の施工延長は56mと比較的長く、またコ
ンクリート総打設量が680m³と多いことから、打
継目が必要になった。

　　施工にあたり、打継目のコールドジョイント発
生防止を課題とした。 ◀ 技術的課題

[7行]

(2) 課題を解決するために検討した項目と検討理由及び検討内容

　　コンクリート打継目のコールドジョイント発生 ◀ 検討理由
を防止するために、次のことを行った。

　　擁壁立壁のコンクリートを打ち込む際、外気温 ◀ 検討内容
を測定したところ27℃であったため、打重ね時間
間隔を2時間以内と計画した。

　　また、1層の高さを30cm程度とし、バイブレー
タをコンクリートの流れの先端に追従させながら、
ジョイント面を十分に締め固めた。

　　コンクリートの練混ぜから打込みまでの時間を
短くすることにより、コールドジョイントの発生
を防止するように検討した。

[11行]

(3) 上記検討の結果、現場で実施した対応処置とその評価

　　練混ぜから打込みの時間が80分となることか
ら、測定した外気温27℃より、打重ね時間間隔を ◀ 対応処置
2時間以内とした。

　　バイブレータを下層に10cm程度入れ、十分に
締固めを行うように施工した結果、コールドジョ
イントの発生を防止することができた。

　　コールドジョイントの防止において、打重ね時 ◀ その評価
間間隔と十分な締固めが実施できたことが評価で
きる点であった。

[9行]

	管理項目	工　種	技術的な課題
No. 39	工程管理	土地造成工事	コンクリート打設の工程計画

【設問1】

(1)工事名

工事名	○○○タウン○○宅地造成工事

(2)工事の内容

① 発注者名	○○建設工業株式会社
② 工事場所	鹿児島県○○市○○地内
③ 工　期	令和○年10月21日～令和○年3月20日
④ 主な工種	コンクリート擁壁工
⑤ 施 工 量	鉄筋コンクリートL型擁壁、H＝1.5～2.5 m、L＝80 m

(3)工事現場における施工管理上のあなたの立場

立　場	現場主任

ネットワーク工程表によるクリティカルパスの把握

　クリティカルパスとは「重大な経路」という意味で、ネットワーク工程表で最長時間となる経路のことを指す。クリティカルパスの経路にある工程が遅延すると、工事全体の工程が伸びることになる。

【設問2】

(1) **工程管理**で特に留意した**技術的課題**

　　本工事は○○建設工業㈱から請け負った宅地造成工事で、高さ1.5〜2.5m、延長80mの鉄筋コンクリートL型コンクリート擁壁工事を行うものである。

技術的課題

　　現場打ち擁壁7スパンのコンクリートを順次打設する方法では計画工程に遅れが生じるため、スパンごとのコンクリート打設計画の立案が課題とした。

[7行]

(2) 課題を解決するために検討した項目と**検討理由及び検討内容**

　　上記の課題に対して、現場打ち擁壁のコンクリート工事の施工順序について次のような検討を行った。

検討理由

①現場打ち擁壁7スパンを1スパン飛ばしの2ブロックに分け、第1ブロック（3スパン）を同時施工とする検討を行った。

検討内容

②第1ブロック目の底版を1日で打設し、5日の養生を終了した段階で、第2ブロック目の底版コンクリートの打設を始めることにより、第1ブロックと第2ブロックの施工をラップさせる工程計画を立案した。

[11行]

(3) 上記検討の結果、**現場で実施した対応処置とその評価**

　　上記の検討の結果、現場において以下の項目を実施した。

①第1ブロック目の3スパンを底版型枠組と鉄筋立からコンクリート打設、養生、型枠脱型までを順次行い、その後に第2ブロックの施工を開始した。

対応処置

②①と同時に第1ブロックの側壁コンクリートの打設する手順で全80mの7スパンを施工した。工期内完成ができたことは評価できる点である。

その評価

[9行]

経験記述編

学科記述編

6章

	管理項目	工　種	技術的な課題
No. 40	工程管理	土地造成工事	工期の短縮（二次製品化）

【設問1】

(1)工事名

工事名	○○○タウン○○宅地造成工事

(2)工事の内容

① 発注者名	○○建設工業株式会社
② 工事場所	横浜市○○町○－○○
③ 工　期	令和○年4月10日～令和○年3月20日
④ 主な工種	コンクリート製品工
⑤ 施 工 量	二次製品防火水槽50 m^3

(3)工事現場における施工管理上のあなたの立場

立　場	現場監督

防火水槽

　消防法では、防火水槽は消防水利の1つであり、常時貯水量40 m^3以上または取水可能量が毎分1 m^3以上で40分以上の給水能力のあるものをいう。

　構造は現場打ちコンクリートの他にプレキャスト製、耐震性を有したものなど各種ある。

【設問 2】

(1) 工程管理で特に留意した技術的課題

　　本工事は○○建設工業発注による宅地造成に伴い、防火水槽 50 m³ の設置工事を行うものである。

　　造成工事の全体工程計画において、先行する造成工事、道路区画整備工事において 15 日程度遅れが生じてきていたが、他の工事での短縮ができないまま現在に至ったため、本防火水槽の設置において 15 日の工期を短縮することが技術的課題となった。 ◀ 技術的課題

[7行]

(2) 課題を解決するために検討した項目と検討理由及び検討内容

　　防火水槽工事において 15 日の工期を短縮するために以下のように検討した。 ◀ 検討理由

　　当初計画では、現場打ちコンクリートで施工する予定であったが、当初工程のままでは 15 日の遅れを解消することができなかった。

　　よって、バーチャートを見直し、コンクリートの現場打ちに係る打設、養生に要する工事期間の短縮を検討することとした。 ◀ 検討内容

　　その結果、防火水槽を二次製品を採用することにより、クレーンでの吊込み及び設置作業に絞ることができ、工期短縮を図るように検討した。

[11行]

(3) 上記検討の結果、現場で実施した対応処置とその評価

　　工期短縮のために次のことを実施した。

　　50 m³ の二次製品防火水槽は、中間ブロック4個、端面2面、ピット1個を基礎コンクリート 100 cm の上へ 50 t クレーンを使用し、据え付けた。 ◀ 対応処置

　　本体は4隅を縦方向に 15.2 mm の PC 鋼線で締め付けた。これにより2日間を要したが、全体では 15 日間の工期短縮が図れ、全体工程を満足させた。

　　工期短縮のために、二次製品防火水槽の採用に踏み切った点が評価できる。 ◀ その評価

[9行]

6章

No. 41	管理項目	工　種	技術的な課題
	安全管理	土地造成工事	土留め工の安全管理

【設問 1】

(1) 工事名

工事名	○○○タウン○○宅地造成工事

(2) 工事の内容

① 発注者名	○○建設工業株式会社
② 工事場所	横浜市○○町○－○○
③ 工　期	令和○年 4 月 10 日～令和○年 3 月 20 日
④ 主な工種	仮設土留め工
⑤ 施 工 量	鋼矢板Ⅲ型、L＝9.0 m、打設枚数 80 枚 二次製品防火水槽 50 m^3 設置

(3) 工事現場における施工管理上のあなたの立場

立　場	現場監督

仮設土留め工の各部名称

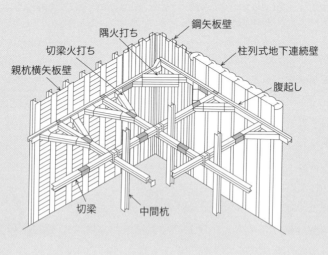

【設問2】

(1) **安全管理**で特に留意した**技術的課題**

　　本工事は○○建設工業発注による宅地造成に伴い、防火水槽50 m³の設置工事を行うものである。

　　防火水槽の高さが4.0 mもあり、掘削深さが4.5 mと深く、土留め矢板の変形により、周辺構造物に与える影響が大きいと予想されたため、施工中における土留め壁の安全性を確認する点検手法、項目を安全管理の技術的課題とした。 ◀ 技術的課題

[7行]

(2) 課題を解決するために検討した項目と**検討理由及び検討内容**

　　本工事における土留め工の安全を確保するために次のような点検手法と点検項目の検討を行った。 ◀ 検討理由

①施工中における目視点検としては、土留め壁の水平変位は下げ振りを使用し、鉛直変位はトランシット計測により確認し、支保工のはらみ、変形の確認は水糸を張って行うことにより安全確認を行うよう検討した。 ◀ 検討内容

②計器による観測は、土留め壁の挿入式傾斜計と切梁に土圧計を設置し、土圧計の値と予測計算結果を比較することにより、土留め壁の挙動を把握し、安全確認を行うよう検討した。

[11行]

(3) 上記検討の結果、**現場で実施した対応処置とその評価**

　　土留め壁の安全性を確認するために、現場での安全管理は次のように行った。

　　目視による点検は毎日2回、工事開始時と終了時に行い、記録をとることにより日変化を把握した。 ◀ 対応処置

　　計器による観測は矢板内の掘削を行っている間は毎日1回、躯体の施工中は週1回実施することによって、土留め壁の安全を確保することができた。

　　土留め壁の変位に関して、計器観測、目視観測を継続的に実施できた点が評価できる。 ◀ その評価

[9行]

No.42	管理項目	工　種	技術的な課題
	工程管理	道路工事	擁壁工事の工期を短縮する対策

【設問 1】

(1)工事名

工事名	○○県道○○号線道路拡幅工事

(2)工事の内容

① 発注者名	宮城県○○部○○課
② 工事場所	宮城県○○市○○地内
③ 工　　期	令和○年 4 月 10 日〜令和○年 3 月 20 日
④ 主な工種	鉄筋コンクリート擁壁工　H＝2.5 〜 5.0 m
⑤ 施 工 量	擁壁工　110 m 路盤工　3,500 m^2

(3)工事現場における施工管理上のあなたの立場

立　　場	現場監督

バックホウ

　掘削機械の 1 つ。アームに取り付けたバケットを手前に引く動作により、地盤より低い場所の作業に適し、強い掘削力と正確な作業を可能にする。

【設問2】

(1) **工程管理**で特に留意した**技術的課題**

　　本工事は、県道○号線の道路改良し道路拡幅するも
のである。舗装工に先立ち、鉄筋コンクリート擁壁（現
場打ち）を延長 110 m 建設する計画であった。工事は
発注されたが、用地買収の手続きの遅れで工事着工が
60 日遅れたことで、工期内完成が不可能となった。擁
壁工事がクリティカルパスであることから、擁壁工事の
工程短縮が工程管理の課題となった。

◀ 技術的課題 ▶

[7 行]

(2) 課題を解決するために検討した項目と**検討理由及び検討内容**

　　着工の遅れを取り戻し、工期内に完成させることを重
要課題として、以下の施工方法の検討を行った。

◀ 検討理由 ▶

①作業効率をアップするため、大型重機を可能な限り多
　く配置する計画を検討し，工事の出来高を上げる施工
　計画を立案した。

◀ 検討内容 ▶

②1 班編成で片押し施工する計画から、工区分けをして
　施工できるか検討し、複数ブロックで並行に施工する
　施工計画を立案した。

③型枠の組立て・解体作業については、大型クレーンを
　使って大枠ブロック構造にし、現地で組み立てる計画
　を検討した。

[11 行]

(3) 上記検討の結果、**現場で実施した対応処置とその評価**

　　検討した計画に基づき、以下の事項を現場で実施し
た。掘削機械を $1.4 \, \mathrm{m}^3$ 級のバックホウと 20 t ダンプト
ラックを使用した。3 工区に分け 3 班同時施工とした。
型枠工の施工に 25 t クレーンを活用し、大きく組んだ
型枠の組立て・解体を実施し、擁壁工事の工程を 63
日間短縮することができた。

◀ 対応処置 ▶

　　施工に使用する機械や型枠を大型化して、施工エリ
アを分割することで工期を短縮し、工期内完成できたこ
とは評価できる点であると考える。

◀ その評価 ▶

[9 行]

経験記述編 ▽　学科記述編 ▽　6章

No.43	管理項目	工　種	技術的な課題
	工程管理	下水道工事	ボイリングによる工程遅れ防止対策

【設問 1】

(1) 工事名

工事名	○号幹線排水路工事

(2) 工事の内容

① 発注者名	千葉県○○部○○課
② 工事場所	千葉県○○市○○地内
③ 工　期	令和○年 4 月 10 日〜令和○年 3 月 20 日
④ 主な工種	仮設土留め工
⑤ 施 工 量	ウェルポイント 32 本 鋼矢板Ⅲ型 82 枚、L＝7.0 m

(3) 工事現場における施工管理上のあなたの立場

立　場	現場責任者

MEMO

ウェルポイント工法

　ウェルポイントによる排水施設の配置例は右図のようになる。

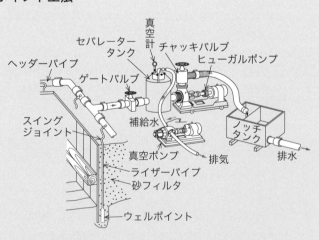

【設問2】

(1) **工程管理**で特に留意した**技術的課題**

　　本工事は、千葉県○○整備センター発注の○号幹線排水路工事で、ボックスカルバートを施工するために山留めを行うものである。

　　山留め施工場所は地下水が高く、○○川が近接していることと、掘削底面が砂地盤であることから、ボイリングの発生が予想され、工程の遅れが懸念された。工程が安定して作業できるような対策を工程管理の課題とした。　　◀ 技術的課題

[7行]

(2) 課題を解決するために検討した項目と**検討理由及び検討内容**

　　工程の遅れの原因となる、ボイリングを防止するための地下水の設定について次の検討を行った。　　◀ 検討理由

　　施工期間の河川計画水位が11.2 mであったことから、施工時には河川水位の影響があると考え、地下水位の設定を河川水位に合わせて11.2 mとした。　　◀ 検討内容

　　砂地盤であることから、ボイリングの発生を防止できる鋼矢板の根入れ長の確保を検討した。

　　また、鋼矢板を打ち込んだときに、地下水の水圧によって矢板沿いに水みちができることが予想されるため、ウェルポイントで地下水を低下させて、ボイリングを防止する検討を行った。

[11行]

(3) 上記検討の結果、**現場で実施した対応処置とその評価**

　　ボイリングを防止するために、次の対応処置を行った。

　　ウェルポイントL＝7.5 mを1.2 mピッチで32本打ち込んだ。矢板は、ボイリングを防止する根入れを4.2 m以上とすることで、ウェルポイントを併用してボイリングを防止した。　　◀ 対応処置

　　以上の対策を実施したことで、工程の遅れもなく、工事を完成させることができた。

　　現場状況に適した補助工法を採用して、工期の範囲内に完成できたことは評価できると考える。　　◀ その評価

[9行]

No. 44	管理項目	工 種	技術的な課題
	品質管理	地盤改良工事	改良強度の品質管理

【設問 1】

(1)工事名

工事名	○○池改修整備工事

(2)工事の内容

① 発注者名	千葉県○○土木事務所
② 工事場所	千葉県○○市○○町○丁目
③ 工 期	令和○年 5 月 21 日～令和○年 2 月 20 日
④ 主な工種	堤防基礎工
⑤ 施 工 量	基礎安定処理工　300 m³

(3)工事現場における施工管理上のあなたの立場

立 場	現場主任

MEMO

固化材の品質及び改良効果の確認

　固化材の品質及び改良効果の確認するために行う品質管理試験は、施工後に所定材齢経過した改良地盤の改良効果を把握するために、一般的には下記検査項目と試験方法で行う。

検査項目	試験方法
支持力	平板載荷試験
一軸圧縮強さ	コア供試体による一軸圧縮強さ 　※コア採取方法：二重管式または三重管式サンプラー 　　　　　　　　　コアマシンなど
貫入抵抗	スウェーデン式サウンディング試験 ポータブルコーン貫入試験 中型動的貫入試験など

((一社) セメント協会「セメント系固化材による地盤改良マニュアル　第 3 版」より)

【設問2】

(1) **品質管理**で特に留意した**技術的課題**

　　本工事は、防災調整池の○○池改修に伴い、堤防基礎部を深度 5.6 m、延長 90 m で地盤安定処理工を施工するものである。

　　基礎地盤の深さ 5.6 m を改良するために、必要な設計基準強度は 200 kN/m² であり、この強度を得るために、室内配合試験における最適なセメント添加量を品質管理の課題とした。　　◀ 技術的課題

[7行]

(2) 課題を解決するために検討した項目と**検討理由及び検討内容**

　　改良強度とセメント添加量の品質管理について、次のように検討した。　　◀ 検討理由

　　地盤安定処理が必要な改良地盤に対し、3本の試験供試体を作成し、すべての供試体が設計基準強度の 85 % 以上かつ、3本の平均値が設計基準強度以上となるように検討した。　　◀ 検討内容

　　設計基準強度と室内目標強度の関係は、一般的に 200 kN/m²＝室内目標強度×0.3 ～ 0.4 を目安とされており、200/0.35＝572 kN/m² を室内目標強度と設定し、最適な添加量を配合試験結果から求め、セメント添加量の品質を検討した。

[11行]

(3) 上記検討の結果、**現場で実施した対応処置とその評価**

　　改良地盤の試験供試体は、約 100 m³ ごとに1回、計3本採取した。

　　試験供試体の品質管理を設計基準強度に対し 85 % 以上、平均値 100 % 以上と設定した。　　◀ 対応処置

　　高炉セメントによる配合試験より、室内目標強度 572 kN/m² に対し 232 kg の添加量により、強度を満足し品質を確保することができた。

　　評価できる点としては、配合試験により、目標強度に対する添加量を確保できたことである。　　◀ その評価

[9行]

	管理項目	工　種	技術的な課題
No. 45	品質管理	地盤改良工事	地盤改良のセメント添加量

【設問 1】

(1) 工事名

工事名	○○号排水路整備工事

(2) 工事の内容

① 発注者名	千葉県○○水土整備事務所
② 工事場所	千葉県○○市○○町○○地内
③ 工　　期	令和○年 5 月 10 日～令和○年 2 月 25 日
④ 主な工種	排水路工
⑤ 施 工 量	ボックスカルバート 12.0 m 地盤改良 96 m³

(3) 工事現場における施工管理上のあなたの立場

立　　場	現場主任

供試体の作成手順

　一般的な供試体の作成手順は右記の通りとなる。

```
1）試料の含水比の調整
        ↓
2）セメント配合・混練り
        ↓
3）仮　置　き
        ↓
4）供試体作成
        ↓
5）養　　生
        ↓
  一軸圧縮試験
```

【設問2】

(1) **品質管理**で特に留意した**技術的課題**

　　本工事は、軟弱な粘土質地盤において、B2.5 m
× H1.6 m の○○排水路ボックス暗渠の基礎工と
して、深度 8.0 m を地盤改良するものである。

　　基礎地盤 8.0 m を改良するにあたり、必要な設
計基準強度は 200 kN/m^2 であった。

　　この強度を得るための、最適なセメント添加量 ◀ **技術的課題**
を求めることを、品質管理の課題とした。

[7行]

(2) 課題を解決するために検討した項目と**検討理由及び検討内容**

　　改良強度とセメント添加量の品質管理について、 ◀ **検討理由**
次のように検討した。

　　改良地盤に対し、3 本の試験供試体を作成し、 ◀ **検討内容**
すべての供試体が設計基準の 85 ％以上で、かつ、
3 本の平均値が設計基準強度以上となるように目
標値を設定した。

　　設計基準強度と室内目標強度は、200 kN/m^2 ＝
室内目標強度 × 0.3 ～ 0.4 の関係にあることから、
572 kN/m^2 を室内目標強度とし、最適な添加量を
配合試験結果から求め、セメント添加量を決定す
るようにした。

[11行]

(3) 上記検討の結果、**現場で実施した対応処置とその評価**

　　改良地盤の試験供試体は、800 m^3 ごとに 1 回、 ◀ **対応処置**
3 本採取し、各供試体の品質管理を設計基準強度
に対し 85 ％以上、平均値 100 ％以上とした。

　　高炉セメントによる配合試験により、室内目標
強度 572 kN/m^2 に対し 232 kg の添加量とするこ
とにより、改良土の品質を確保した。

　　設計基準強度の判定基準として、3 つの供試体 ◀ **その評価**
により、85 ％及び平均値のチェック項目を採用し
た点が評価できる。

[9行]

6章

	管理項目	工　種	技術的な課題
No.46	工程管理	地盤改良工事	薬液注入工期の確保

【設問 1】

(1)工事名

工事名	雨水○○号幹線管路工事

(2)工事の内容

① 発注者名	神奈川県○○市○○課
② 工事場所	神奈川県○○市○○町○丁目○番
③ 工　期	令和○年 10 月 24 日～令和○年 3 月 16 日
④ 主な工種	地盤改良工（薬液注入）
⑤ 施 工 量	対象土量 320 m（鏡切り部） 本数 28 本、注入率 35 ％、注入量 112 m^3

(3)工事現場における施工管理上のあなたの立場

立　場	主任技術者

ディープウェル工法

　ディープウェル工法は、主に鋼管の井戸を地中深く設置し、井戸内に流入した地下水を水中ポンプで排水する「重力排水工法」である。

　他の排水工法には「ウェルポイント工法」「釜場排水工法」などがある。

【設問2】

(1) **工程管理**で特に留意した**技術的課題**

　　本工事は、○○排水機場へ水害時の雨水を流入
させる推進工による管路工事である。

　　地下水位が高く、ディープウェル工法での処理
では、予想よりも湧水が多く、20日前後の遅延と
約5割増の薬液注入量の増加が予想された。

　　よって、薬液注入工法の再検討と薬液注入工期 ◀ 技術的課題
の確保に留意した。

[7行]

(2) 課題を解決するために検討した項目と**検討理由及び検討内容**

　　薬液注入の施工量増加に対し、工期を確保する ◀ 検討理由
ために次のことを行った。

　　到達立坑鏡切り部では、地下水位が高くディー ◀ 検討内容
プウェル工法を近接して併用施工する必要がある。

　　しかし、揚水により薬液が希釈されてゲル化機
構を失うことがあるのでディープウェル工法を停
止し釜場排水に切り替えた。

　　地下水の影響を考慮してゲルタイムは瞬結タイ
プを選び、標準注入速度の大きい二重管ストレー
ナー工法を採用することにより、薬液注入の工程
を確保することを検討した。

[11行]

(3) 上記検討の結果、**現場で実施した対応処置とその評価**

　　注入工法の変更に伴い、瞬結タイプの溶液型水 ◀ 対応処置
ガラス系を用い、注入速度14 L/min を管理基準
値として自己記録流量計で管理した。

　　注入圧力が0.5 MPa ～ 1.5 MPa と変化する状況
を監視し、異常時は注入中断する処置を周知徹底
したことにより、予定工程内で28本の削孔を行う
ことができ、工期延期を避けることができた。

　　薬液注入の注入速度を管理基準値として設定した ◀ その評価
ことにより、工程管理を実施できた点が評価できる。

[9行]

<table>
<tr><td rowspan="2">No.
47</td><td>管理項目</td><td>工　種</td><td>技術的な課題</td></tr>
<tr><td>安全管理</td><td>地盤改良工事</td><td>ヒービングに対する安全対策</td></tr>
</table>

【設問 1】

(1)工事名

工事名	○○排水機場下部工事（○○地区○○機場）

(2)工事の内容

① 発注者名	香川県○○市○○課
② 工事場所	香川県○○市○○町○丁目
③ 工　期	令和○年 8 月 21 日～令和○年 3 月 20 日
④ 主な工種	仮設工
⑤ 施 工 量	鋼矢板Ⅲ型 L＝11.5 m、376 枚 地盤改良量　140 m^3

(3)工事現場における施工管理上のあなたの立場

立　場	現場主任

ヒービング

　軟弱な粘性土地盤で掘削背面の土塊重量が掘削面下の地盤支持力より大きくなると、地盤内にすべり面が発生し、下図のように掘削底面に盛り上がりが生ずる現象。ボイリングとの違いをよく理解しておくこと。

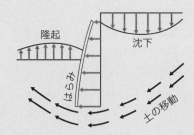

【設問2】

(1) 安全管理で特に留意した技術的課題

　　本工事は、排水ポンプ設備を設置する吸水槽を建設するための仮設土留め工事である。

　　掘削地盤は、主に軟弱な粘性土地盤で構成されており、掘削底面付近の粘性土地盤は c＝6 kN/m^2、N 値 2 の軟弱な地盤であった。

　　このため、掘削底面のヒービングに対する安全を確保することを課題とした。

技術的課題

[7 行]

(2) 課題を解決するために検討した項目と検討理由及び検討内容

　　掘削底面のヒービングに対する安全を確保するために、次のことを検討した。

検討理由

　　掘削幅 9.5 m、掘削深 6.4 m、粘着力 6 kN/m^2 の掘削地盤底面のヒービングに対する安全率はすべり円弧方程式により 0.5 となり、満足しなかった。

検討内容

　　改良後の安全率を 1.5 以上となるような掘削底面の粘着力 16 kN/m^2 を逆算し、それを得るために地盤改良を採用した。

　　改良強度は改良厚により 5 ケースを試算し、最適な最低改良厚となる改良強度を採用することにより、ヒービング対策を検討した。

[11 行]

(3) 上記検討の結果、現場で実施した対応処置とその評価

　　掘削底面の地盤改良は、改良強度を 250 kN/m^2、改良は最低改良厚 1.5 m とした。

対応処置

　　DJM 工法で 6.4 m を空打ちし、掘削底面以下の 1.5 m を改良した。

　　以上を土留め鋼矢板打設前に実施することにより、ヒービングの発生も生じることもなく、安全に掘削することができた。

　　地盤状況を矢板打設前に把握することにより、地盤改良を事前に実施できた点が評価に値する。

その評価

[9 行]

経験記述編

学科記述編

6章

管理項目	工 種	技術的な課題
品質管理	トンネル工事	寒中コンクリートの品質低下対策

【設問1】

(1)工事名

工事名	岐阜県○○自動車道トンネル舗装工事

(2)工事の内容

① 発注者名	岐阜県○○部○○課
② 工事場所	岐阜県○○市○○町地内
③ 工　　期	令和○年10月21日～令和○年2月20日
④ 主な工種	コンクリート舗装工
⑤ 施 工 量	コンクリート舗装工　8,000 m^2 側溝工　1,200 m

(3)工事現場における施工管理上のあなたの立場

立　場	現場主任

MEMO

寒中コンクリートの養生

・打込み後に凍結しないように十分保護し、特に風を防ぐ。

・初期凍害を防止できる強度が得られるまで、コンクリートの温度を5℃以上に保ち、さらに2日間は0℃以上に保つ。

・コンクリートに給熱する場合、急激に乾燥することや局部的に熱せられることがないようにする。

・保温養生、給熱養生を終了する際に、コンクリートの温度を急激に低下させない。

【設問2】

(1) **品質管理**で特に留意した**技術的課題**

　　本工事は、県道○○号線において標高2,200 m
の山間部でのトンネル内舗装工事である。

　　工期が12月から2月の冬季に設定されていて、
施工現場における日平均気温は氷点下になり、地形
的にも坑口部は強風が吹き、コンクリート打設時の
寒中コンクリートとしての品質低下を防止するコ
ンクリートの温度管理や養生方法が課題となった。

技術的課題

[7行]

(2) 課題を解決するために検討した項目と**検討理由及び検討内容**

　　寒中コンクリートの重要な品質管理であるコン
クリート舗装の舗設方法や養生方法の温度管理に
ついて以下の検討を行った。

検討理由

①夜間工事において、坑口とトンネル内の気温等
　の気象情報を常に把握できるようにした。

検討内容

②コンクリート打設時点の温度低下に対して保温
　方法や養生方法を検討した。

③坑口の風の吹込みを防止し、工事車両の通行が
　容易に行える仮設設備を検討した。

　　上記の事項を検討しコンクリートの品質低下を
防止する計画を立案した。

[11行]

(3) 上記検討の結果、**現場で実施した対応処置とその評価**

　　夜間の気温は坑口で平均−10℃以下、坑内でも
−5℃前後であったため、ジェットヒーターを使用
し、気温を5℃以上に保った。

対応処置

　　坑口には開閉式防風壁を設置し、コンクリート
表面は乾燥を防止するために被膜養生剤を散布し、
マットで覆った。以上の対策により、舗装コンク
リートの品質が確保できた。

　　ジェットヒーターの使用、防風壁の設置及び皮膜養
生剤の併用が品質確保に効果があったと評価できる。

その評価

[9行]

経験記述編

学科記述編

6章

123

No. 49	管理項目	工　種	技術的な課題
	工程管理	トンネル工事	補助工法による工程短縮

【設問 1】

(1)工事名

工事名	一般国道○○号トンネル建設工事

(2)工事の内容

① 発注者名	○○国道工事事務所
② 工事場所	神奈川県○○市○○町地内
③ 工　　期	令和○年 4 月 24 日〜令和○年 3 月 16 日
④ 主な工種	トンネル工事（NATM 工法）
⑤ 施 工 量	トンネル延長 L＝840.0 m 幅員 W＝7.5 m　内空断面 60.0 m^2

(3)工事現場における施工管理上のあなたの立場

立　場	主任技術者

長尺先受け工

　地山のアーチ作用が期待できない不安定な地山を補強する、長尺先受け工として行う長尺フォアパイリングの施工例は、下図のようになる。

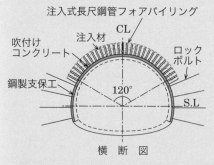

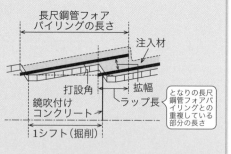

横 断 図　　　　　　　　　縦 断 図

((公社)土木学会トンネル工学委員会「トンネル標準示方書　山岳工法・同解説〈2006 年制定〉」より)

【設問2】

(1) **工程管理**で特に留意した**技術的課題**

　　本工事は有名観光地を結ぶ国道バイパスのトンネル工事である。

　　前施工の橋梁工事が約2カ月遅れたが、工期内の完成は絶対条件であった。

　　出口側の100m間は土被りが7m以下であり、適切な補助工法を採用して確実に施工することが工程確保のための技術的課題であった。 ◀ 技術的課題

[7行]

(2) 課題を解決するために検討した項目と**検討理由及び検討内容**

　　出口側の土被りが浅い約100m区間について、確実で効率的な施工を実施するために、**適切な補助工法の採用**を検討した。 ◀ 検討理由

　　工程短縮のため施工区間においてボーリング調査を追加することで地質を正確に把握し施工方法の再検討を行った。 ◀ 検討内容

　　その結果、地質が良質な岩盤と判断した箇所では、長尺先受け工の延長を検討した。

　　また、支保工パターンを変え1日当たりの進行を延ばす検討を行い、さらにインバートの必要性を検討して工程の短縮を行った。

[11行]

(3) 上記検討の結果、**現場で実施した対応処置とその評価**

　①補助工法の長尺先受け工を81mに変更したことによって約1カ月の工期を短縮した。 ◀ 対応処置

　②地質により支保工パターンを変更し、インバートを減らして急速施工を実施した結果、約1カ月の工期を短縮することができた。

　　以上により、約2カ月の遅れを取り戻し、契約工期の10日前に竣工することができた。

　　長尺先受け工の変更、及び支保工パターンの変更を、思い切って実施できた点が評価できる。 ◀ その評価

[9行]

6章

管理項目	工　種	技術的な課題
安全管理	トンネル工事	切羽の肌落ち災害防止対策

【設問1】

(1)工事名

工事名	一般国道○○号トンネル建設工事

(2)工事の内容

① 発注者名	○○国道工事事務所
② 工事場所	神奈川県○○市○○町地内
③ 工　　期	令和○年6月21日～令和○年3月20日
④ 主な工種	トンネル工事（NATM工法）
⑤ 施 工 量	トンネル延長 L＝850 m 幅員 W＝7.5 m　内空断面 55.0 m^2

(3)工事現場における施工管理上のあなたの立場

立　　場	現場主任

コソク作業

　トンネルを発破などによって掘削した後、掘削面の地山が緩んで崩落しそうな浮石を鉄棒などで落とす作業をコソクという。肌落ちによる事故が多い作業である。

【設問 2】

(1) **安全管理**で特に留意した**技術的課題**

　　本工事は山間地の国道トンネルを NATM 工法で掘進する工事であった。

　　トンネル災害で一番多いのは切羽の肌落ち災害であり発破後の浮石を落とすコソクに重点が置かれていたが、その対策だけでは不十分で、肌落ち災害を防止するためのハード面とソフト面の安全対策が技術的課題であった。

技術的課題

[7行]

(2) 課題を解決するために検討した項目と**検討理由及び検討内容**

　　トンネル災害で最も多いのは切羽における肌落ち災害で、次に重機車両災害である。

検討理由

　　後者はずり出し中の立入り禁止や安全通路の徹底により無事故とすることができたが、切羽の肌落ち事故は発生率が高いため作業所の重点事項として次のような対策の検討を行った。

①コソクの作業方法と手順

②鏡吹付けコンクリートの施工手順

③切羽の点検方法

検討内容

　　ハード面とソフト面での抜本的な対策を現場安全委員会の職員と下請担当者で検討した。

[11行]

(3) 上記検討の結果、**現場で実施した対応処置とその評価**

　　現場で実施した対策・処置を以下に示す。

①発破後のコソクを重機で徹底して行った。

②地質の良し悪しにかかわらず、鏡吹付けコンクリートをすべての切羽に施工した。

対応処置

③削孔後の切羽の変状の有無を点検し、職員、下請、作業員で共有し、周知徹底した。

　　以上の実施により、無事故で完成できた。

　　現場の条件にかかわらずすべての切羽について、対応処置が徹底できたことが評価できる点である。

その評価

[9行]

6章

管理項目	工　種	技術的な課題
No.51		
品質管理	仮設土留め工	鋼矢板の打設時品質管理

【設問1】

(1)工事名　｜工事名｜○○川水門改修工事

(2)工事の内容

① 発注者名	群馬県○○市
② 工事場所	群馬県○○市○○○町○丁目
③ 工　期	令和○年 10 月 5 日～令和○年 3 月 10 日
④ 主な工種	仮設工
⑤ 施 工 量	鋼矢板Ⅲ型 340 枚、L＝9.0 m

(3)工事現場における施工管理上のあなたの立場

立　場	現場監督

鋼矢板屏風打ち

　鋼矢板打ち作業において、傾きや共下がりを防ぐため 20 枚程度を先に建て込み、後で打つ方法のこと。

　下図のように打設中に傾斜した場合に屏風打ちに切り替える。

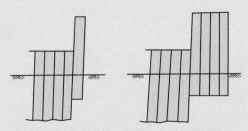

単独打ちで傾斜した　⇒　屏風打ちに切り替える

【設問2】

(1) **品質管理**で特に留意した**技術的課題**

　　本工事は、○○川に設置されている幅6.0 m、高さ2.8 mの水門工事における、鋼矢板Ⅲ型L=9.0 m、340枚の山留め工事である。

　　工事場所には、宅地が近接しており、矢板打設において、振動や変位の発生による近接建築物への影響を少なくするために、精度を向上させて鋼矢板を打ち込むことを品質管理の課題とした。

◀ 技術的課題

[7行]

(2) 課題を解決するために検討した項目と**検討理由及び検討内容**

　　鋼矢板の打込みが、近接建築物に影響しないように、矢板を打ち込むために次のことを行った。

◀ 検討理由

　　現地を詳細に踏査し、宅地に最も影響しないところを選び導杭H鋼杭300を水門の上下流方向で2本、合計4本を打ち込むように検討した。

◀ 検討内容

　　導枠は矢板の傾斜を防止するために行う、屏風打ちの枚数20枚分を先に建て込み、両側への矢板設置を検討した。

　　導枠との隙間には木製のスペーサを設置することにより、打込み初期に発生しやすいズレを補正しながら精度を向上させるよう検討した。

[11行]

(3) 上記検討の結果、**現場で実施した対応処置とその評価**

　　鋼矢板打込み精度を向上させるために、次の対応処置を行った。

　　導材を導杭と導枠で、矢板を挟むように設置し、屏風打ちの両端2枚の矢板を慎重にバイブロハンマにより打ち込んだ。

◀ 対応処置

　　自立まではスペーサを使用し、打込み精度を向上させることにより品質を確保した。

　　屏風打ちの採用、及びスペーサの使用が、打込み精度の向上につながったものと評価できる。

◀ その評価

[9行]

経験記述編

学科記述編

6章

No.	管理項目	工　種	技術的な課題
52	品質管理	仮設仮排水工	ボイリングの防止対策

【設問 1】

(1) 工事名

工事名	○号幹線排水路工事

(2) 工事の内容

① 発注者名	埼玉県○○県土整備センター
② 工事場所	埼玉県○○市○○町○丁目○番地
③ 工　　期	令和○年 10 月 20 日〜令和○年 2 月 25 日
④ 主な工種	仮設工
⑤ 施 工 量	ウェルポイント 30 本 鋼矢板Ⅲ型 80 枚、L＝8.0 m

(3) 工事現場における施工管理上のあなたの立場

立　場	現場監督

ボイリング

　ボイリングとは、地下水位の高い砂質地盤で土留め工を行う場合に生じやすく、掘削面と水位差によって地下水とともに、湯が沸騰しているかのように土砂が掘削面に流出してくる現象をいう。ヒービングとの違いをよく理解しておくこと。

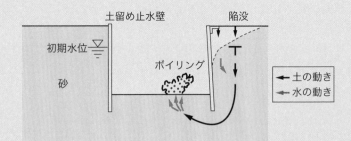

【設問2】

(1) **品質管理**で特に留意した**技術的課題**

　　本工事は、○号幹線排水路のボックスカルバートを施工するために山留めを行うものである。

　　山留め施工場所は地下水位が高く、○○川に近接しており、掘削底面が砂地盤であることから、地下水位及び河川水位の影響が考えられ、これら水位の設定とボイリングを防止するための山留め工の施工を品質管理の技術的課題とした。 ◀ 技術的課題

[7 行]

(2) 課題を解決するために検討した項目と**検討理由及び検討内容**

　　ボイリングを防止するための地下水の設定について次の検討をした。 ◀ 検討理由

　　ボーリング調査による通常の地下水位は 14.0 m であったが、施工期間中の河川計画水位が 14.8 m であったことから、施工時には河川水位の影響があると考え、地下水位の設定を河川水位に合わせて 14.8 m と設定した。 ◀ 検討内容

　　砂地盤でのボイリングを防止するための鋼矢板の根入れ長を確保し、鋼矢板の建込みの際に、矢板沿いに水みちを予想し、ウェルポイントで地下水を低下させ、ボイリング防止のための検討を行った。

[11 行]

(3) 上記検討の結果、**現場で実施した対応処置とその評価**

　　山留め工施工時のボイリングを防止するために、次の対応処置を行った。

　　ウェルポイント L＝8.5 m を、1.2 m ピッチで 30 本打ち込むことにより地下水位の低下を図った。 ◀ 対応処置

　　矢板は、ボイリングを防止する根入れを 4.8 m 以上とすることにより、ウェルポイントを併用し、ボイリングを防止することができた。

　　対応処置としてボイリング防止の基本である、ウェルポイントと根入れの確保ができた点が評価できる。 ◀ その評価

[9 行]

6章

No. 53	管理項目	工　種	技術的な課題
	工程管理	仮設土留め工	土留め支保工の工程管理

【設問1】

(1)工事名　　　| 工事名 | 第○排水機場下部工事 |

(2)工事の内容

① 発注者名	広島県○○市○○課
② 工事場所	広島県○○市○町地内
③ 工　期	令和○年8月20日〜令和○年3月25日
④ 主な工種	仮設工
⑤ 施 工 量	鋼矢板Ⅲ型 L＝12.0 m、402枚

(3)工事現場における施工管理上のあなたの立場

立　場	現場主任

 MEMO

土留め支保工の計測事項

チェック項目	計測内容
山留め壁の変形	傾斜計あるいは、下げ振りによる山留め壁鉛直変位計測
山留め壁に作用する側圧	土圧計による主働・受働土圧の計測
山留め壁近接部の間隙水圧	間隙水圧計による地盤内水圧の計測
山留め壁頭部の変位	トランシットによる計測、光波測距器による3次元計測
切梁の軸力	軸力計による切梁軸力の計測、応力ひずみ計による計測
切梁レベル、通り	レベル、トランシットによる計測
周辺地盤（建物）への影響	埋設管、周辺建物の沈下、傾斜計測及び周辺地下水位の計測（観測井での計測）

【設問2】

(1) 工程管理で特に留意した技術的課題

　　本工事は、排水ポンプ設備を設置する吸水槽を建設するための仮設土留め工事であり、掘削深6.5mの躯体を鋼矢板Ⅲ型、2段切梁で行うものである。

　　躯体工事は、閉合した矢板内で行うことから、2段に交差した切梁内での繁雑な作業となり、10日程度の遅れが予想されたため、土留め支保工の工程管理が技術的課題となった。

◀ 技術的課題

[7行]

(2) 課題を解決するために検討した項目と検討理由及び検討内容

　　土留め支保工と掘削工事を効率よく行うために、次の検討を行った。

◀ 検討理由

①施工ブロックは、バックホウ掘削範囲を考慮して、左右両端と中央の3ブロックに分割する。

◀ 検討内容

②矢板打込み後、支保工に偏土圧が作用しないように中央ブロックからの掘削を先行する。

③中央ブロックの掘削後、支保工を設置しながら、右側ブロックの掘削を並行作業とする。

④支保工の計器観測もブロックごとに行い、順次各ブロックの並行作業を実施することにより工期の短縮を検討した。

[11行]

(3) 上記検討の結果、現場で実施した対応処置とその評価

　　土留め支保工の工期を短縮するために以下の対応処置を行った。

　　中央ブロック支保工の設置後、右側ブロックの掘削を開始している間、中央部の計器観測と安全確認を行い、右側部の支保工事を開始した。

◀ 対応処置

　　左側ブロックも同様に、並行作業を行うことにより、10日の短縮が図られ、工期の確保ができた。

　　工期の短縮においては、作業位置を考慮した並行作業を効果的に行ったことが、評価できる。

◀ その評価

[9行]

経験記述編

学科記述編

6章

No. 54	管理項目	工 種	技術的な課題
	工程管理	仮設仮締切り工	仮締切り工事の工期短縮修正

【設問 1】

(1)工事名

工事名	○○川中流河川改修工事

(2)工事の内容

① 発注者名	愛知県○○市○○課
② 工事場所	愛知県○○市○○町○○
③ 工 期	令和○年 11 月 5 日〜令和○年 3 月 20 日
④ 主な工種	河川仮締切り工
⑤ 施 工 量	大型土のう 300 袋

(3)工事現場における施工管理上のあなたの立場

立 場	現場主任

ブロック積み河川護岸の標準図

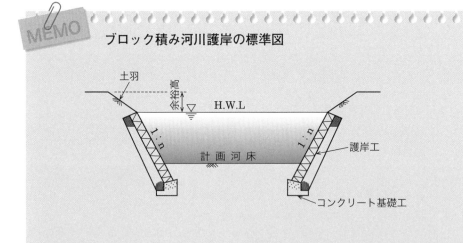

【設問2】

(1) **工程管理**で特に留意した**技術的課題**

　　この工事は H5.0 m のブロック積み護岸を設置するための仮締切り工事である。

　　護岸を施工するにあたり仮締切りを鋼矢板Ⅲ型 5.0 m 300 枚を圧入工法で施工する計画であったが、発注時期の遅れのために 7 日程度の遅延が発生し、工期に余裕がなくなり、仮締切りを設置するにあたり、工期短縮が技術的課題となった。

◀ 技術的課題

[7行]

(2) 課題を解決するために検討した項目と**検討理由及び検討内容**

　　工期を短縮するために次の検討を行った。

◀ 検討理由

　　施工期間中の河川水深は過去の水位調査結果から平均 0.5 m であり、打設に日数を要する鋼矢板による仮締切りから、短縮が可能な大型土のう設置による仮締切りへの変更を検討した。

◀ 検討内容

　　鋼矢板の施工日数は 32 枚 / 日より 12 日と予想していたが、鋼矢板の仮締切りを大型土のうに変更することにより、25 t 吊りラフタークレーンの能力より 60 袋 / 日、施工日数 5 日となり、7 日の施工日数を短縮することが可能となり、本体工事に余裕をもった工法変更を検討した。

[11行]

(3) 上記検討の結果、**現場で実施した対応処置とその評価**

　　検討の結果、以下を実施した。

　　25 t 吊りのラフタークレーンで、大型土のうを 300 袋、河川内に仮置きをした。

◀ 対応処置

　　次にクローラ型 2.9 t 吊りのクレーン機能付きのバックホウを河川内へ進入させ、仮置きした大型土のうを所定の位置へ設置し、仮締切り工事が 5 日で終了することができ、7 日の工期が短縮できた。

　　河川内での大型土のうの設置工事の実施が、工期短縮において評価できる点である。

◀ その評価

[9行]

経験記述編

学科記述編

6章

	管理項目	工　種	技術的な課題
No. **55**	安全管理	仮設土留め工	資材搬入時の安全施工

【設問1】

(1)工事名

工事名	第○排水機場下部工事

(2)工事の内容

① 発注者名	広島県○○市○○課
② 工事場所	広島県○○市○町地内
③ 工　　期	令和○年8月20日～令和○年3月25日
④ 主な工種	仮設工
⑤ 施 工 量	鋼矢板Ⅲ型 L＝12.0 m、402枚 切梁 4.2 t、腹起し 6.8 t

(3)工事現場における施工管理上のあなたの立場

立　場	現場主任

作業主任者の選任

　事業者は労働災害を防止するための管理を必要とする作業については、都道府県労働局長の免許を受けた者または都道府県労働局長の登録を受けた者が行う技能講習を修了した者のうちから、作業主任者を選任し、労働者の指揮その他の厚生労働省令で定める事項を行わせなければならない。

【設問 2】

(1) **安全管理**で特に留意した**技術的課題**

　　本工事は、排水ポンプ設備を設置する吸水槽を
建設するための仮設土留め工事を、深さ 6 m の掘
削を鋼矢板Ⅲ型、2 段切梁式で行うものである。
　　2 段切梁は各段で交差しており、切梁長さが
8.0 m と長く、長尺の土留め材料の設置、撤去作
業には通常以上の注意が必要となり、重量物搬入
についての安全管理が技術的課題となった。

◀ 技術的課題

(2) 課題を解決するために検討した項目と**検討理由及び検討内容**

　　切梁、腹起し等の重量物、長尺物の搬入を安全
に行うために、次のことを検討した。

◀ 検討理由

①作業時における危険発生要因を作業手順ごとに
　特定し、防止対策を立てる。

◀ 検討内容

②各々の防止対策ごとに、対象責任者を明確にし、
　作業員に周知徹底を図る。

③危険区域を明示し、関係者以外の立入りを禁止
　する処置をとり、作業員に周知徹底を図る。

④土止め支保工作業主任者を配置し、作業主任者
　が直接作業を指揮することにより、土留め材搬
　入時の安全管理を検討した。

［11 行］

(3) 上記検討の結果、**現場で実施した対応処置とその評価**

　　安全施工のため、現場では以下の処置を行った。
　　作業員、玉掛け者、作業主任ごとに、災害防止
対策を周知させ、土留め支保工作業主任者を土留
め資材の設置部、投入部に各 1 名ずつ配置し、状
況を無線で連絡し、作業を行った。

◀ 対応処置

　　玉掛けは有資格者が必ず行い、合図を徹底した
結果、無事故で土留め材の設置ができた。

　　安全施工の重要点として、作業主任者、有資格
者による指揮系統の確立が、評価できる点である。

◀ その評価

［9 行］

6章

No. 56	管理項目	工 種	技術的な課題
	安全管理	仮設土留め工	土留め工施工時の安全管理

【設問 1】

(1)工事名

工事名	第○排水機場下部工事

(2)工事の内容

① 発注者名	広島県○○市○○課
② 工事場所	広島県○○市○町地内
③ 工 期	令和○年 8 月 20 日～令和○年 3 月 25 日
④ 主な工種	仮設工
⑤ 施 工 量	鋼矢板Ⅲ型 L＝12.0 m、402 枚 切梁 4.2 t、腹起し 6.8 t

(3)工事現場における施工管理上のあなたの立場

立 場	現場監督

玉掛け用ワイヤロープ等の吊り数

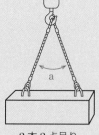

2本2点吊り

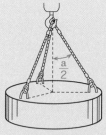

3本3点吊り

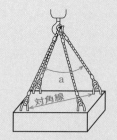

4本4点吊り

a：吊り角度

【設問 2】

(1) **安全管理**で特に留意した**技術的課題**

　　本工事は、排水ポンプ設備を設置する○○排水機場吸水槽の下部工事である。

　　平均掘削深さ 6.0 m を鋼矢板による土留めにより掘削し、2 段式切梁を設置した。

　　切梁は 1 本当たり長さ 20.0 m を 2 段設置し、合計 20 本と多いことから、撤去の際の危険防止における安全管理を技術的課題とした。 ◀ 技術的課題

[7 行]

(2) 課題を解決するために検討した項目と**検討理由及び検討内容**

　　切梁、腹起し等の支保工を撤去するときに、次のことを安全対策として検討した。 ◀ 検討理由

①切梁中間継手の解体は、高所での作業となり、作業員の落下事故もが考えられるため、常に複数作業による確認可能な検討を行った。 ◀ 検討内容

②支保材の取り外しは、クレーンで吊込み後に取り外し、玉掛け者には 2 本吊りを徹底させる。

③玉掛けの不備等で落下による災害を防止するために、搬出ヤードには立入り禁止処置としてバリケードを設置するとともに、監視人を配置し、労働者の立入り禁止を検討した。

[11 行]

(3) 上記検討の結果、**現場で実施した対応処置とその評価**

　　現場では以下のような安全対策を行った。

　　支保工の解体作業を行う作業者には、安全帯を装着させ、複数の支持点をすべて外さないように周知させて作業を行った。 ◀ 対応処置

　　ワイヤロープは毎朝、必ず点検を行い、立入り禁止処置を行っているバリケードは常時点検を行った結果、支保工撤去が安全に施工できた。

　　安全施工の重要点として、保護具の正確な使用と、点検作業の確立が、評価できる点である。 ◀ その評価

[9 行]

No. 57	管理項目	工　種	技術的な課題
	安全管理	仮設排水工	ボイリングの防止対策

【設問1】

(1)工事名

工事名	○○○川排水機場改築○号工事

(2)工事の内容

① 発注者名	兵庫県○○市○○課
② 工事場所	兵庫県○○市○○町○丁目
③ 工　期	令和○年10月15日〜令和○年3月10日
④ 主な工種	仮設工
⑤ 施工量	ウェルポイント80本 鋼矢板III型280枚、L＝8.0m

(3)工事現場における施工管理上のあなたの立場

立　場	現場監督

釜場排水工法

　釜場排水工法は、掘削範囲に浸透してくる地下水を排水する工法である。

　掘削底面に水中ポンプが入る大きさの溝をつくり、その溝に集水マス（釜場）を設置して地下水を集水し、水中ポンプで排水する工法である。

【設問 2】

(1) **安全管理**で特に留意した**技術的課題**

　　本工事は、横軸斜流ポンプφ1,200 mm 3 台を設置する排水機場工事で、その下部工を建設するために行う仮設土留め工事である。

　　工事現場は、常時地下水位が高く、排水河川が近接しており、均一な粒径の砂地盤が基礎付近以下に分布していたことから、ボイリングを防止する工法選定が課題となった。

◀ 技術的課題

[7 行]

(2) 課題を解決するために検討した項目と**検討理由及び検討内容**

　　ボイリングを防止し、安全に工事を行うために次の検討を行った。

◀ 検討理由

①掘削法肩に 1.5 m ピッチでウェルポイントを打設し、ウェルポイントの深さを、掘削深＋1.0 の 4.0 m として地下水位を低下させる。

◀ 検討内容

②掘削底面の湧水は釜場排水を検討し、1 箇所当たり水中ポンプφ100 mm を 1 台、計 4 箇所を設置する排水対策を考えた。

③法面にも湧水が見られたため、釜場設置箇所の掘削法尻部には土のうを設置し、湧水による崩壊防止対策も併せて検討した。

[11 行]

(3) 上記検討の結果、**現場で実施した対応処置とその評価**

　　現場では以下のことを実施した。

　　深さ 4.0 m のウェルポイントを 1.5 m ピッチで打ち込み、地下水位を予定掘削底面以下まで下げて掘削工事を行った。

◀ 対応処置

　　掘削完了後は、ウェルポイントで常時排水を行うとともに、湧水は釜場で排水し、ボイリングを防止することによりコンクリート工事を安全に行った。

　　対応処置として、ボイリング防止の基本である、ウェルポイントと排水作業の確保が評価できる点である。

◀ その評価

[9 行]

No. 58	管理項目	工　種	技術的な課題
	安全管理	道路工事	クレーンの転倒防止対策

【設問1】

(1)工事名

工事名	○○駅西口のロータリー舗装工事

(2)工事の内容

① 発注者名	山口県○○市○○課
② 工事場所	山口県○○市○○地内
③ 工　期	令和○年11月5日～令和○年3月20日
④ 主な工種	道路工、擁壁工
⑤ 施工量	アスファルト舗装工（t=5cm）1,600 m^2 プレキャスト擁壁工　h=1.5～3.5m　L=110m

(3)工事現場における施工管理上のあなたの立場

立　場	現場責任者

MEMO　　クレーンのアウトリガー

　アウトリガーは、クレーンの車体から横に張り出された足のような構造をしたものを指す。クレーンの転倒を防止するために使用する。

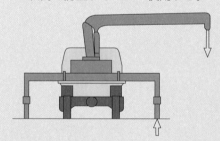

【設問2】

(1) **安全管理**で特に留意した**技術的課題**

　　本業務は、○○駅西口のロータリーを整備工事である。主な工事内容は、舗装工が $1,600 \mathrm{m}^2$ 及びプレキャスト擁壁を $L=110 \mathrm{m}$ 設置するものであった。列車の線路側に擁壁を $50 \mathrm{m}$ 施工する計画であったが、クレーン作業位置の地盤支持力不足が懸念され、<mark>クレーン転倒による鉄道列車事故の防止対策が安全管理の技術的課題であった。</mark>

◀ 技術的課題

[7行]

(2) 課題を解決するために検討した項目と**検討理由及び検討内容**

<mark>軟弱地盤上で実施する、プレキャスト擁壁設置作業中のクレーン転倒による列車事故を防止するため、以下の検討を行った。</mark>

◀ 検討理由

①地盤支持力を把握する試験方法を2案比較検討し、経済性、正確性、現場適合性から平板載荷試験を採用した。その結果として地盤支持力 $250 \mathrm{kN/m}^2$ であることを把握した。

◀ 検討内容

②クレーン形式とプレキャスト擁壁の重量及び作業半径のシミュレーションを実施し、各作業位置でのアウトリガー1脚に掛かる最大反力値が $230 \mathrm{kN}$ となる結果を得た。

[11行]

(3) 上記検討の結果、**現場で実施した対応処置とその評価**

　　現場のバックホウを反力とし、クレーン設置計画箇所において平板載荷試験を8箇所実施した。その結果をもとに、現場の地盤条件に適合した以下の対応処置を行った。地盤上に砕石（$t=10 \mathrm{cm}$）を布設し、その上に敷鉄板（$L=1.2 \mathrm{m} \times 1.2 \mathrm{m}$、$t=22 \mathrm{mm}$）を設置した。この結果、安全率 $1.7 \sim 2.0$ となる地耐力を確保し、安全に施工を行うことができた。

◀ 対応処置

　　<mark>上記の結果、クレーンの転倒事故を防止して無事故で工事が完了できたことは評価できる点である。</mark>

◀ その評価

[9行]

6章

No. 59	管理項目	工　種	技術的な課題
	工程管理	道路工事	工期短縮（連続作業）

【設問 1】

(1) 工事名

工事名	第○工区道路舗装改良工事

(2) 工事の内容

① 発注者名	埼玉県○○部○○課
② 工事場所	埼玉県○○市○○地内
③ 工　　期	令和○年 10 月 20 日～令和○年 2 月 25 日
④ 主な工種	舗装工
⑤ 施 工 量	○○線○工区 L＝590 m

(3) 工事現場における施工管理上のあなたの立場

立　場	現場責任者

道路打換え工事

　舗装の破損が著しく、これまでの応急処理や維持工法では良好な路面を維持することができない場合に実施される工事である。表層のアスファルト舗装だけではなく、路盤も新たに材料の砕石を敷き均し施工する。

【設問2】

(1) **工程管理**で特に留意した**技術的課題**

　　本工区、県道○○○線の○○地区は舗装の老朽化が進み、線状・亀甲状のクラックやたわみが多く発生していたことから、表層路盤 2,300 m² を打換え改修する工事である。

　　工事着工後の6月中旬から天候不順が続いたことから、作業不可能な日が増加した。よって残工程の工期を確保し工期内に完成させる対策が課題となった。

技術的課題

[7行]

(2) 課題を解決するために検討した項目と**検討理由及び検討内容**

　　舗装改修工事の工期を確保するために、次のように検討した。

検討理由

　①班編成の組替えを検討した。従来の班編成は、舗装の取り壊し作業班4人/1班であったが、8人増員し1班6人編成の2班12人とし、残区間を2分割して同時施工とした。

検討内容

　②舗装班が撤去の進捗に合わせて2区間で既設路盤を掘削し、下層路盤 t = 300 mm をクラッシャーランを 40-0、上層路盤 t = 160 mm、粒度調整砕石 M-30 を同時施工とした。以上、撤去増班と路盤施工を連続施工とする計画とした。

[11行]

(3) 上記検討の結果、**現場で実施した対応処置とその評価**

　　上記の検討を行って、現場において次の事項を実施した。

　①舗装撤去を2班に増員し、終点側と全路線延長の 2/3 地点を各班同時施工とすることで12日の工期短縮ができた。

対応処置

　②現況路盤の掘削から、路盤工、基層工、表層工の施工を連続して行うことで作業効率を上げることができた。

　　上記のような工夫により工期内に工事を完成させることができたことは評価できる点であると考える。

その評価

[9行]

経験記述編

学科記述編

6章

No. 60	管理項目	工　種	技術的な課題
	工程管理	鉄道工事	ロングレール交換作業の工程管理

【設問1】

(1) 工事名

工事名	○○保線技術センター管内軌道修繕工事

(2) 工事の内容

① 発注者名	○○旅客鉄道株式会社○○支社○○保線技術センター
② 工事場所	○○保線区○○線地内
③ 工　期	令和○年10月21日～令和○年3月20日
④ 主な工種	軌道布設工
⑤ 施 工 量	L＝398 m

(3) 工事現場における施工管理上のあなたの立場

立　場	現場主任

線路閉鎖とは

　列車の運転に支障を及ぼすおそれのある工事を行う場合に、その区間を信号機で停止にして列車を侵入させないようにすること。

【設問2】

(1) 工程管理で特に留意した技術的課題

　　　本工事は、R＝400 m の急曲線区間（PC 枕木区間）
　　で、頭部摩耗で外軌側レール L＝398 m のロングレー
　　ル交換工事である。

　　　当該線区は客車の運行終了後も貨車が走行する線区
　　で、線路閉鎖可能時間が 2 時間弱と短い中で、仕上が ◀ 技術的課題
　　り基準を満足する施工方法を計画し、工程管理すること
　　が課題となった。

[7 行]

(2) 課題を解決するために検討した項目と検討理由及び検討内容

　　　短い線路閉鎖可能時間でのロングレール交換を可能 ◀ 検討理由
　　とするため、以下の検討を行った。

　　　ロングレール交換は、線路閉鎖後の実施となる。当 ◀ 検討内容
　　該区間の線路閉鎖間合いは 2 時間弱であるから、客車
　　の運行終了後に実施可能な作業を検討した。

　　　最終的なレールの現場溶接の作業時間を確保するた
　　め、旧レールから新レールへの交換は 1 時間程度で実
　　施する必要があった。レール交換作業の時間短縮のた
　　め、締結装置の一部緩解を線路閉鎖前に実施する案を
　　採用し、安全を確保しながら作業量を軽減した時間短
　　縮を計画した。

[11 行]

(3) 上記検討の結果、現場で実施した対応処置とその評価

　　　検討の結果、次の対策を実施した。

　　　客車の運行終了後、3 本に 1 本の割合で締結装
　　置を緩解し、緩解後通過する貨車に対し走行速度を ◀ 対応処置
　　45 km/h の徐行手配を行った。

　　　線路閉鎖着手前に約 170 箇所の締結装置の緩解を
　　終了させたことで、短い作業時間で仕上がり確認を十分
　　に行うことができた。

　　　軌間、通りとも基準値内に収める工程管理ができたこ ◀ その評価
　　とは評価点と考える。

[9 行]

学科記述編

1章 学科記述の概要

学科記述編の構成

　学科記述編として、出題管理項目ごとに、「2章　土工」「3章　コンクリート」「4章　品質管理」「5章　安全管理」「6章　工程計画・環境管理」とし、各章ごとに下記の項目について整理した。

CHECK チェックコーナー（最近の出題傾向と対策）

　最新10年間の出題問題の内容についてキーワード別及び解答形式別に表に整理し、出題実績により三つ星ランク 出題ランク ☆☆☆ により傾向を表すとともに、重点的な対策としてまとめた。

【解答形式の説明】

解答形式	解答要領	注意事項
記述形式	設問内容に対して、指定された欄内に簡潔に記述する。	• 考えられる複数の解答から、指定された数を解答する。 • できるだけ代表的、一般的な事例などを記述する。
語句・数値記入	設問の文章の空欄に適切な語句や数値を記入する。	• 法規、技術指針、示方書などからの引用文章が多い。
計算形式	設問の文章の空欄に適切な語句や数値を記入する。	• 解答は1つしかない。 • 公式は完全に理解しておく。 • 単位、四捨五入に注意する。

【ランクの説明】

ランク	出題頻度	学習対策
☆☆☆	5問以上/10年	• 最重要項目として、完全に理解する必要性がある。
☆☆	3～4問/10年	• 重要項目として、ひと通りは理解する必要性がある。
☆	1～2問/10年	• 基本項目として、基礎学習はしておく必要性がある。

LESSON レッスンコーナー（重要ポイントの解説）

　傾向と対策に基づいて、学科試験における重要な項目から特に実地試験に必要なポイントとして、三つ星ランク順の項目について整理した。

　特に留意すべき点については、**P**oint ➡ **ワンポイントアドバイス** として補足説明をした。

CHALLENGE チャレンジコーナー（演習問題と解説・解答）

　過去の出題問題から、近年の問題を中心に選んで演習問題を作成した。解説においては、重要な項目ごとに解答のヒントとなるように、キーワード、記述例などをわかりやすく整理した。

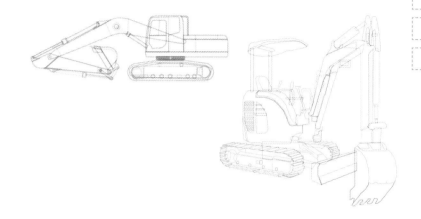

2章 土 工

チェックコーナー
（出題傾向と対策）

例年、「語句解答形式」と「記述解答形式」の 2 問程度が出題される。

出題項目	出題実績（ランク）	解答形式	対　　策
盛土の施工	☆☆☆ 7 問 /10 年	語句 5 問 記述 2 問	• 盛土の施工品質について多く出題される。 • 盛土の施工、盛土材料及び品質、締固め、排水について重点的に整理する。
軟弱地盤対策	☆☆☆ 5 問 /10 年	語句 0 問 記述 5 問	• 頻繁に出題されており、土工の主要項目として整理しておく。 • 対策工法の種類と特徴及び効果についての出題が多い。
法面（保護）工	☆☆ 4 問 /10 年	語句 2 問 記述 2 問	• 切土、盛土別に整理しておく。 • 法面の施工は、土質による高さ別の勾配を整理しておく。 • 法面保護工の種類と特徴を理解しておく。
構造物関連土工	☆ 1 問 /10 年	語句 0 問 記述 1 問	• 近年出題は少ないが、重要項目として整理しておく。 • 構造物取り付け部の盛土、埋戻しの留意点を整理しておく。

レッスンコーナー
（重要ポイントの解説）

LESSON 1 盛土の施工　　　　　　　　　　　　　出題ランク ★★★

盛土工における留意点

項　　目	留　　　　意　　　　点		
敷均し	• 盛土種類別の締固め及び敷均し厚さ（道路土工施工指針）		
	盛土の種類	締固め厚さ（1層）	敷均し厚さ
	路体・堤体	30 cm 以下	35〜45 cm 以下
	路　　床	20 cm 以下	25〜30 cm 以下
締固め	• 盛土材料の含水比を最適含水比に近づける。 • 材料の性質により適当な締固め機械を選ぶ。 • 施工中の排水処理を十分に行う。		
盛土材料	• 締固めた後の圧縮性が小さいこと。 • 吸水による膨潤性が低いこと。 • 締固めの施工が容易であること。 • 雨水などの浸食に対して強いこと。		

LESSON 2 軟弱地盤対策

○ 軟弱地盤対策工法と特徴など（道路土工－軟弱地盤対策工指針）

区　分	対 策 工 法	工法の概要と特徴	工法の効果
表層処理工法	・布設材工法 ・表層混合処理工法 ・表層排水工法 ・サンドマット工法	・基礎地盤の表面を石灰やセメントで処理する。 ・表層に排水溝を設けて改良する。 ・軟弱地盤処理工や盛土工の機械施工を容易にする。	せん断変形抑制 強度低下抑制 すべり抵抗付与
置換工法	・掘削置換工法 ・強制置換工法	・軟弱層の一部または全部を除去し、良質材で置き換える。 ・置換えによりせん断抵抗が付与され、安全率が増加する。 ・沈下も置き換えた分だけ小さくなる。	すべり抵抗付与 全沈下量減少 せん断変形抑制 液状化防止
押え盛土工法	・押え盛土工法 ・緩斜面工法	・盛土の側方に押え盛土をしたり、法面勾配を緩くする。 ・すべりに抵抗するモーメントを増加させて、盛土のすべり破壊を防止する。	すべり抵抗付与 側方流動抵抗付与 せん断変形抑制
盛土補強工法	・盛土補強工法	・盛土中に鋼製ネット、ジオテキスタイルなどを設置する。 ・地盤の側方流動及びすべり破壊を抑止する。	すべり抵抗付与 せん断変形抑制
載荷重工法	・盛土荷重載荷工法 ・大気圧載荷工法 ・地下水低下工法	・盛土や構造物の計画されている地盤にあらかじめ荷重をかけて沈下を促進する。 ・改めて計画された構造物をつくり、構造物の沈下を軽減させる。	圧密沈下促進 強度増加促進
バーチカルドレーン工法	・サンドドレーン工法 ・カードボードドレーン工法	・地盤中に適当な間隔で鉛直方向に砂柱などを設置する。 ・水平方向の圧密排水距離を短縮し、圧密沈下を促進し併せて強度増加を図る。	圧密沈下促進 せん断変形抑制 強度増加促進
サンドコンパクション工法	・サンドコンパクションパイル工法	・地盤に締め固めた砂杭をつくり、軟弱層を締め固める。 ・砂杭の支持力によって安定を増し、沈下量を減じる。	全沈下量減少 すべり抵抗付与 液状化防止 圧密沈下促進 せん断変形抑制
振動締固め工法	・バイブロフローテーション工法 ・ロッドコンパクション工法	・バイブロフローテーション工法は、棒状の振動機を入れ、振動と注水の効果で地盤を締め固める。 ・ロッドコンパクション工法は、棒状の振動体に上下振動を与え、締固めを行いながら引き抜く。	液状化防止 全沈下量減少 強度増加促進
固結工法	・石灰パイル工法 ・深層混合処理工法 ・薬液注入工法	・吸水による脱水や化学的結合によって地盤を固結させる。 ・地盤の強度を上げることによって、安定を増すと同時に沈下を減少させる。	全沈下量減少 すべり抵抗付与

ワンポイントアドバイス

- 工法効果のうち □ は主効果を表すもので重要である。
- 工法区分ごとの工法種類、概要、効果の組合せを理解する。

LESSON 3 法面（保護）工　　出題ランク ★★☆

(1) 切土法面の施工

○ 切土材料に対する標準法面勾配（道路土工－施工指針）

地山の土質		切土高	勾配	摘要
硬岩			1:0.3～1:0.8	
軟岩			1:0.5～1:1.2	
砂	密実でない粒度分布の悪いもの		1:1.5～	
砂質土	密実なもの	5 m 以下	1:0.8～1:1.0	
		5～10 m	1:1.0～1:1.2	
	密実でないもの	5 m 以下	1:1.0～1:1.2	
		5～10 m	1:1.2～1:1.5	
	密実でないもの、または粒度分布の悪いもの	10 m 以下	1:1.0～1:1.2	
		10～15 m	1:1.2～1:1.5	
粘性土		10 m 以下	1:0.8～1:1.2	

h_a：a法面に対する切土高
h_b：b法面に対する切土高

（a）切土高と勾配

（b）地山状態と法面形状の例

(2) 盛土法面の施工

○ 盛土材料に対する標準法面勾配（道路土工－施工指針）

地山の土質	切土高	勾配	摘要
粒度のよい砂（SW）、礫及び細粒分混じり礫（GM）（GC）（GW）（GP）	5 m 以下	1:1.5～1:1.8	基礎地盤の支持力が十分にあり、浸水の影響のない盛土に適用する。（　）の統一分類は代表的なものを参考に示す。
	5～15 m	1:1.8～1:2.0	
粒度の悪い砂（SP）	10 m 以下	1:1.8～1:2.0	
岩塊（ずりを含む）	10 m 以下	1:1.5～1:1.8	
	10～20 m	1:1.8～1:2.0	
砂質土（SM）（SC）、硬い粘質土、硬い粘土（洪積層の硬い粘質土、粘土、関東ロームなど）	5 m 以下	1:1.5～1:1.8	
	5～10 m	1:1.8～1:2.0	

(3) 法面保護工

◯ 法面保護工の工種と目的（道路土工－施工指針）

分 類	工 種	目的・特徴
植生工	種子散布工、客土吹付工、張芝工、植生マット工	浸食防止、全面植生（緑化）
	植生筋工、筋芝工	盛土法面浸食防止、部分植生
	土のう工、植生穴工	不良土法面浸食防止
	樹木植栽工	環境保全、景観
構造物による保護工	モルタル・コンクリート吹付工、ブロック張工、プレキャスト枠工	風化、浸食防止
	コンクリート張工、吹付枠工、現場打コンクリート枠工、アンカー工	法面表層部崩落防止
	編柵工、じゃかご工	法面表層部浸食、流失抑制
	落石防止網工	落石防止
	石積、ブロック積、ふとんかご工、井桁組擁壁、補強土工	土圧に対抗（抑止工）

Ｐoint → ワンポイントアドバイス

- 植生工と構造物による保護工の分類ごとの工種、目的、特徴の組合せを理解する。

LESSON4 構造物関連土工　　　出題ランク ★☆☆

(1) 構造物取り付け部の盛土

◯ 盛土と構造物の接続部の沈下の原因と防止対策

沈下の原因	防止対策
・基礎地盤の沈下及び盛土自体の圧密沈下 ・構造物背面の盛土による構造物の変位 ・裏込め部分の排水が不良になりやすい ・盛土材料の品質が悪くなりやすい ・締固めが不十分になりやすい	・裏込め材料として締固めが容易で、非圧縮性、透水性のよい安定した材料を選定する。 ・締固め不足とならないよう、大型締固め機械を用いた入念な施工を行う。 ・施工中の排水勾配の確保、地下排水溝の設置などの十分な排水対策を行う。 ・必要に応じ、構造物と盛土との接続部において踏掛版を設置する。

(2) 盛土における構造物の裏込め、切土における構造物の埋戻しの留意点

区　分	内　容
材　料	・構造物との間に段差が生じないように、圧縮性の小さい材料を用いる。 ・雨水などの浸透による土圧増加を防ぐために透水性のよい材料を用いる。 ・一般的に裏込め及び埋戻しの材料には粒度分布のよい粗粒度を用いる。
構造・ 機械	・大型の締固め機械が使用できる構造が望ましい。 ・基礎掘削及び切土部の埋戻しは、良質の裏込め材を中、小型の締固め機械で十分締め固める。 ・構造物壁面に沿って裏面排水工を設置し、集水したものを盛土外に排出する。
施　工	・裏込め、埋戻しの敷均しは仕上り厚 20 cm 以下とし、締固めは路床と同程度に行う。 ・裏込め材は、小型ブルドーザ、人力などにより平坦に敷き均し、ダンプトラックやブルドーザによる高まきは避ける。 ・締固めはできるだけ大型の締固め機械を使用し、構造物縁部及び翼壁部などについても小型締固め機械により入念に締め固める。 ・雨水の流入を極力防止し、浸透水に対しては、地下排水溝を設けて処理する。 ・裏込め材料に構造物掘削土を使用できない場合は、掘削土が裏込め材料に混ざらないように注意する。 ・急速な盛土により、偏土圧を与えない。

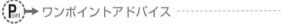

ワンポイントアドバイス

・材料、機械、施工方法に区分して留意点を整理する。

チャレンジコーナー
(演習問題と解説・解答)

CHALLENGE 1 盛土の施工 出題ランク ★★★

演習問題 1 盛土の締固め作業及び締固め機械に関する次の文章の □□□□ の（イ）～（ホ）に当てはまる<u>適切な語句</u>を、次の語句から<u>選び</u>解答欄に記入しなさい。

(1) 盛土全体を □ (イ) □ に締め固めることが原則であるが、盛土 □ (ロ) □ や隅部（ぐうぶ）（特に法面近く）等は締固めが不十分になりがちであるから注意する。

(2) 締固め機械の選定においては、土質条件が重要なポイントである。すなわち、盛土材料は、破砕された岩から高 □ (ハ) □ の粘性土にいたるまで多種にわたり、同じ土質であっても □ (ハ) □ の状態等で締固めに対する適応性が著しく異なることが多い。

(3) 締固め機械としての □ (ニ) □ は、機動性に優れ、比較的種々の土質に適用できるなどの点から締固め機械として最も多く使用されている。

(4) 振動ローラは、振動によって土の粒子を密な配列に移行させ、小さな重量で大きな効果を得ようとするもので、一般に □ (ホ) □ に乏しい砂利や砂質土の締固めに効果がある。

[語句]

水セメント比、改良、粘性、端部、生物的、トラクタショベル、耐圧、均等、仮設的、塩分濃度、ディーゼルハンマ、含水比、伸縮部、中央部、タイヤローラ

(R3- 問題 4)

解説 盛土の施工上の留意点に関しては、「道路土工−盛土工指針」に示されている。

解答

（イ）	（ロ）	（ハ）	（ニ）	（ホ）
均等	端部	含水比	タイヤローラ	粘性

演習問題2 切土の施工に関する次の文章の____の（イ）〜（ホ）に当てはまる適切な語句を、下記の語句から選び解答欄に記入しなさい。

(1) 施工機械は、地質・____(イ)____条件、工事工程などに合わせて最も効率的で経済的となるよう選定する。

(2) 切土の施工中にも、雨水による法面____(ロ)____や崩壊・落石が発生しないように、一時的な法面の排水、法面保護、落石防止を行うのがよい。

(3) 地山が土砂の場合の切土面の施工にあたっては、丁張にしたがって____(ハ)____から余裕をもたせて本体を掘削し、その後、法面を仕上げるのがよい。

(4) 切土法面では____(イ)____・岩質・法面の規模に応じて、高さ5〜10mごとに1〜2m幅の____(ニ)____を設けるのがよい。

(5) 切土部は常に____(ホ)____を考えて適切な勾配をとり、かつ切土面を滑らかに整形するとともに、雨水などが湛水しないように配慮する。

［語句］

> 浸食、親綱、仕上げ面、日照、補強、地表面、水質、景観、小段、粉じん、防護柵、表面排水、越水、垂直面、土質

(H29- 問題2)

 解説 切土の施工に関しては、主に「道路土工－切土工・斜面安定工指針」に示されている。

解答

（イ）	（ロ）	（ハ）	（ニ）	（ホ）
土質	浸食	仕上げ面	小段	表面排水

CHALLENGE2 軟弱地盤対策　　　　　　　　　　　　　　　出題ランク ★★★

演習問題3　軟弱地盤対策工法に関する次の工法から2つ選び、工法名とその工法の特徴についてそれぞれ解答欄に記述しなさい。

・サンドドレーン工法
・サンドマット工法
・深層混合処理工法（機械撹拌方式）
・表層混合処理工法
・押え盛土工法　　　　　　　　　　　　　　　　　　　　　　　（R2- 問題3）

解説　軟弱地盤対策工法については、主に「道路土工－軟弱地盤対策工指針」に示されている。下記について2つを選定し記述する。

解答

軟弱地盤対策工法	工法の特徴
サンドドレーン工法	粘土質地盤に鉛直な砂柱を設け、排水距離を短縮して圧密排水を促進し、併せて地盤のせん断強さの増加を図る。
サンドマット工法	軟弱地盤上に透水性のよい砂を敷くことにより、トラフィカビリティの確保と圧密排水を促進し、地盤からの排水経路として使用する工法である。
深層混合処理工法（機械撹拌方式）	盛土のすべり防止、沈下の低減などを目的として、石灰やセメント系の安定材と原位置土を撹拌翼で混合し、柱体状の安定処理土を形成する。
表層混合処理工法	基礎地盤の表面を石灰やセメントで混合処理し強度を高める工法で、安定剤によりせん断変形を抑制する。
押え盛土工法	施工中に生じるすべり破壊に対して、盛土本体の側方部を押えて盛土の安定を図る。

CHALLENGE 3 法面（保護）工

出題ランク ★★☆

演習問題 4 切土法面の施工における留意事項に関する次の文章の［　　］の（イ）～（ホ）に当てはまる適切な語句を、次の語句から選び解答欄に記入しなさい。

(1) 切土法面の施工中は、雨水などによる法面浸食や崩壊、落石などが発生しないように、一時的な法面の［（イ）］、法面保護、落石防止を行うのがよい。

(2) 切土法面の施工中は、掘削終了を待たずに切土の施工段階に応じて順次［（ロ）］から保護工を施工するのがよい。

(3) 露出することにより［（ハ）］の早く進む岩（がん）は、できるだけ早くコンクリートや［（ニ）］吹付けなどの工法による処置を行う。

(4) 切土法面の施工にあたっては、丁張（ちょうはり）にしたがって仕上げ面から［（ホ）］をもたせて本体を掘削し、その後法面を仕上げるのがよい。

[語句]

風化、中間部、余裕、飛散、水平、下方、モルタル、上方、排水、骨材、中性化、支持、転倒、固結、鉄筋

（R2- 問題 2）

解説 切土法面の施工に関しては、主に「道路土工－法面工・斜面安定工指針」に示されている。

解答

（イ）	（ロ）	（ハ）	（ニ）	（ホ）
排水	上方	風化	モルタル	余裕

演習問題5 植生による法面保護工と構造物による法面保護工について、<u>それぞれ1つずつ工法名とその目的または特徴について</u>解答欄に記述しなさい。

ただし、解答欄の（例）と同一内容は不可とする。

(1) 植生による法面保護工

(2) 構造物による法面保護工 (R1-問題3)

解説 法面保護工については、主に「道路土工－法面面工・斜面安定工指針」に示されている。下記について1つずつ選定し記述する。

解答

分類	工法名	目的・特徴
植生による法面保護工	種子散布工、客土吹付工、張芝工、植生マット工	浸食防止、全面植生（緑化）
	植生筋工、筋芝工	盛土法面浸食防止、部分植生
	土のう工、植生穴工	不良土法面浸食防止、
	樹木植栽工	環境保全、景観
構造物による法面保護工	モルタル・コンクリート吹付工、ブロック張工、プレキャスト枠工	風化、浸食防止
	コンクリート張工、吹付枠工、現場打コンクリート枠工、アンカー工	法面表層部崩落防止
	編柵工、蛇かご工	法面表層部浸食、流失抑制
	落石防止網工	落石防止
	石積、ブロック積、ふとんかご工、井桁組擁壁、補強土工	土圧に対抗（抑止工）

構造物関連土工

演習問題6 下図のような構造物の裏込め及び埋戻しに関する次の文章の
□□□□の（イ）〜（ホ）に当てはまる適切な語句または数値を、次の語句ま
たは数値から選び解答欄に記入しなさい。

(1) 裏込め材料は、□(イ)□で透水性があり、締固めが容易で、かつ水の浸
入による強度の低下が□(ロ)□安定した材料を用いる。

(2) 裏込め、埋戻しの施工においては、小型ブルドーザ、人力などにより平
坦に敷均し、仕上り厚は□(ハ)□cm 以下とする。

(3) 締固めにおいては、できるだけ大型の締固め機械を使用し、構造物縁部
などについてはソイルコンパクタや□(ニ)□などの小型締固め機械により
入念に締め固めなければならない。

(4) 裏込め部においては、雨水が流入したり、たまりやすいので、工事中は
雨水の流入をできるだけ防止するとともに、浸透水に対しては、□(ホ)□
を設けて処理をすることが望ましい。

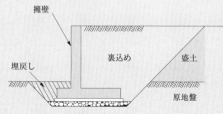

[語句または数値]

弾性体、40、振動ローラ、少ない、地表面排水溝、乾燥施設、可撓性、高い、
ランマ、20、大きい、地下排水溝、非圧縮性、60、タイヤローラ

(H30- 問題 2)

解説 裏込め及び埋戻しの施工に関しては、主に「道路土工－施工指針」等に示
されている。

解答

（イ）	（ロ）	（ハ）	（ニ）	（ホ）
非圧縮性	少ない	20	ランマ	地下排水溝

3章 コンクリート

チェックコーナー
(出題傾向と対策)

「語句解答形式」と「記述解答形式」の2問程度が出題される。

出題項目	出題実績 (ランク)	解答 形式	対　　　策
コンクリート （構造物）の施工	☆☆☆ 16問/10年	語句9問 記述7問	• 毎年出題されており、重要項目としてすべて整理しておく。 • 運搬：練混ぜから打終わりまでの、気温と時間の関係を整理しておく。 • 打込み：気温、時間及び高さ等に関する数値の出題が多い。 • 締固め：内部振動機の取扱いに関する出題が多い。 • 型枠工：型枠の取り外し時期を整理しておく。 • 鉄筋：鉄筋の加工、継手の方法を整理しておく。 • 打継目：水平打継目、鉛直打継目の施工方法に関する出題が多い。 • 養生：気温によるセメントの種類別の養生期間を整理しておく。
コンクリート の品質	☆ 2問/10年	語句0問 記述2問	• 数年に一度の出題があり、品質規定を中心に理解しておく（「4章　品質管理」と類似の出題が多い）。 • 品質規定：強度、スランプ、空気量、塩化物含有量の品質規定を整理しておく。 • 劣化・ひび割れ：ひび割れの種類、原因及び対策を整理しておく。 • コンクリート材料：セメント、骨材及び混和材種類、特徴を整理しておく。
特殊コンクリート	☆ 1問/10年	語句0問 記述1問	• 暑中コンクリート：気温ごとの施工方法を整理しておく。 • 寒中コンクリート：気温ごとの施工方法を整理しておく。 • マスコンクリート：温度ひび割れ対策を整理しておく。

LESSON 1 コンクリートの施工　　　　　　出題ランク ★★★

　コンクリートの施工における、各項目の留意点を下記に整理する（「コンクリート標準示方書」参照）。

（1）運搬

施工項目	留　　　　　意　　　　　点
練混ぜから打終わりまでの時間	・一般の場合には、外気温 25℃以下のときは 2 時間以内、25℃を超えるときは 1.5 時間以内を標準とする。
現場までの運搬	・運搬距離が長い場合は、トラックミキサ、トラックアジテータを使用する。 ・レディーミクストコンクリートは、練混ぜ開始から荷おろしまでの時間は 1.5 時間以内とする。
現場内での運搬	・コンクリートポンプの配管経路はできるだけ短く、曲がりの数を少なくし、圧送に先立ち先送りモルタルを圧送し配管内面の潤滑性を確保する。 ・バケットは材料分離の起こしにくいものとする。 ・シュートは縦シュートの使用を標準とし、コンクリートが 1 箇所に集まらないようにし、やむを得ず斜めシュートを用いる場合、傾きは水平 2 に対し鉛直 1 程度を標準とする。 ・ベルトコンベアを使用する場合、終端にはバッフルプレート及び漏斗管を設ける。 ・手押し車やトロッコを用いる場合の運搬距離は 50〜100 m 以下とする。

現場内での運搬

（a）コンクリートポンプ車によるもの　（b）バケットによるもの　（c）シュートによるもの　（d）ベルトコンベアによるもの

経験記述編

学科記述編

3章

(2) 打込み

施工項目	留　　意　　点
打込み	・準備段階では、鉄筋や型枠の配置を確認し、型枠内にたまった水は取り除く。 ・打込み作業において鉄筋の配置や型枠を乱さない。 ・打込み位置は、目的の位置に近いところにおろし、型枠内では横移動させない。 ・一区画内では完了するまで連続で、ほぼ水平に打ち込む。 ・2層以上の打込みは、各層のコンクリートが一体となるように施工し、許容打重ね時間の間隔は、外気温 25℃以下の場合は 2.5 時間、25℃を超える場合は 2.0 時間とする。 ・1層当たりの打込み高さは 40〜50 cm 以下を標準とする。 ・吐出口から打込み面までの落下高さは 1.5 m 以下を標準とする。 ・打上がり速度は、30 分当たり 1.0〜1.5 m 以下を標準とする。 ・表面にブリーディング水がある場合は、これを取り除く。 ・打込み順序としては、壁または柱のコンクリートの沈下がほぼ終了してからスラブまたは梁のコンクリートを打ち込む。

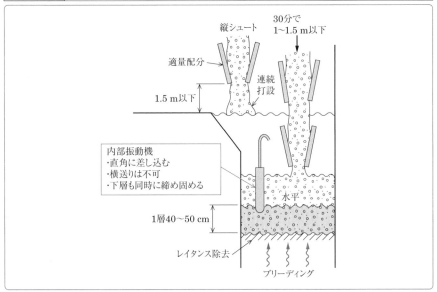

（3）締固め

施工項目	留　　　　意　　　　点
締固め	• 締固め方法は、原則として内部振動機を使用する。 • 内部振動機は、下層のコンクリート中に 10 cm 程度挿入し、間隔は 50 cm 以下とする。 • 1 箇所当たりの振動時間は 5〜15 秒とし、引き抜くときは徐々に引き抜き、後に穴が残らないようにする。

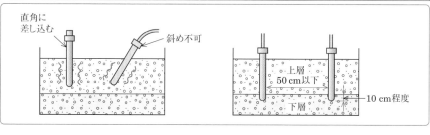

（4）型枠工

施工項目	留　　　　意　　　　点
型枠工	• 型枠を取り外してよい時期のコンクリートの圧縮強度は、下表のように規定されている。

部材面の種類	例	コンクリートの圧縮強度〔N/mm²〕
厚い部材の鉛直に近い面、傾いた上面、小さいアーチの外面	フーチングの側面	3.5
薄い部材の鉛直に近い面、45°より急な傾きの下面、小さいアーチの内面	柱、壁、梁の側面	5.0
スラブ及び梁、45°より緩い傾きの下面	スラブ、梁の底面、アーチの内面	14.0

• 型枠（堰板）は、転用して使用が前提となり、一般に転用回数は、合板の場合 5 回程度、プラスチック型枠の場合 20 回程度、鋼製型枠の場合 30 回程度を目安とする。

> **P**oint → ワンポイントアドバイス
> • コンクリートの施工に関しては、運搬、打込み、締固めの項目ごとに整理しておく。

(5) 鉄筋

項　目	留　　意　　点
継　手	• 継手位置はできるだけ応力の大きい断面を避け、同一断面に集めないことを標準とする。 • 重ね合せの長さは、鉄筋径の 20 倍以上とする。 • 重ね合せ継手は、直径 0.8 mm 以上の鉄なまし鉄線で数箇所緊結する。 • 継手の種類としてはガス圧接継手、溶接継手、機械式継手がある。 • ガス圧接継手は、有資格者により行い、圧接面は面取りし、鉄筋径 1.4 倍以上のふくらみを要する。
加工・組立て	• 加工は常温で加工するのを原則とする。 • 鉄筋は、原則として、溶接してはならない。やむを得ず溶接し、溶接した鉄筋を曲げ加工する場合には溶接した部分を避けて曲げ加工しなければならない。 • 曲げ加工した鉄筋の曲げ戻しは一般に行わない。 • 組立て用鋼材は、鉄筋の位置を固定するとともに、組立てを容易にする点からも有効である。 • かぶりとは、鋼材（鉄筋）の表面からコンクリート表面までの最短距離で計測した厚さである。 • 型枠に接するスペーサは、モルタル製あるいはコンクリート製を使用する。

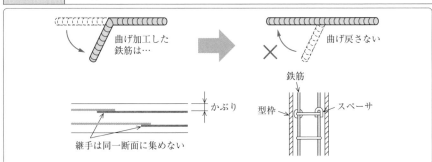

曲げ加工した鉄筋は…　曲げ戻さない

かぶり

継手は同一断面に集めない

鉄筋

型枠　スペーサ

 → ワンポイントアドバイス

• 継手の位置と種類を整理しておくこと。

• 鉄筋の加工、組立てに関しては、曲げ加工、スペーサが重要項目である。

(6) 打継目

留意点を下記に整理する（「コンクリート標準示方書」参照）。

項　目	留　　意　　点
打継目	・打継目の位置は、せん断力の小さい位置に設け、打継面を部材の圧縮力の作用方向と直交させる。 ・温度応力、乾燥収縮などによるひび割れの発生について考慮する。 ・水密性を要するコンクリートは適切な間隔で打継目を設ける。
水平打継目	・型枠に接する線は、できるだけ水平な直線となるようにする。 ・コンクリートを打ち継ぐ場合、すでに打ち込まれたコンクリート表面のレイタンスなどを取り除き、十分に吸水させる。 ・型枠を確実に締め直し、既設コンクリートと打設コンクリートが密着するように強固に締め固める。
鉛直打継目	・旧コンクリート面をワイヤブラシ、チッピングなどにより粗にして、セメントペースト、モルタル、エポキシ樹脂などを塗り、一体性を高める。

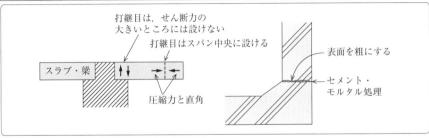

経験記述編 ▼

学科記述編 ▼

3章

Point ➡ ワンポイントアドバイス

　・水平打継目と鉛直打継目の違いを理解しておく。

（7）養生

施工項目	留　　意　　点
仕上げ	・コンクリートの表面はしみ出た水がなくなるか、または上面の水を取り除いてから仕上げる。 ・仕上げ作業後、コンクリートが固まり始めるまでに発生したひび割れは、タンピングまたは再仕上げよって修復する。
養　生	・表面を荒らさないで作業ができる程度に硬化したら、下表に示す養生期間を保たなければならない。

日平均気温	普通ポルトランドセメント	混合セメントB種	早強ポルトランドセメント
15℃以上	5日	7日	3日
10℃以上	7日	9日	4日
5℃以上	9日	12日	5日

・堰板は、乾燥するおそれのあるときは、これに散水し湿潤状態にしなければならない（湿潤養生）。
・膜養生は、コンクリート表面の水光りが消えた直後に行い、散布が遅れるときは、膜養生剤を散布するまではコンクリートの表面を湿潤状態に保ち、膜養生剤を散布する場合には、鉄筋や打継目などに付着しないようにする必要がある。
・寒中コンクリートの場合、保温養生あるいは給熱養生が終わった後、温度の高いコンクリートを急に寒気にさらすと、コンクリートの表面にひび割れが生じるおそれがあるので、適当な方法で保護し表面が徐々に冷えるようにする。
・暑中コンクリートの場合、直射日光や風にさらされると急激に乾燥してひび割れを生じやすい。打込み後は速やかに養生する必要がある。

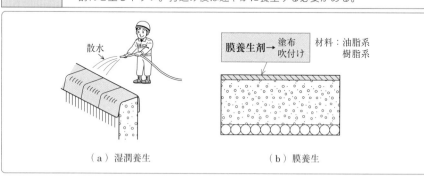

（a）湿潤養生　　　　　（b）膜養生

LESSON 2　コンクリートの品質　　出題ランク ★☆☆

（1）レディーミクストコンクリートの品質規定

品質についての指定事項を下記に整理する。

項　目		内　容
レディーミクストコンクリートの種類		粗骨材最大寸法、目標スランプまたはスランプフロー、呼び強度で表す。
指定事項	生産者と協議	セメントの種類、骨材の種類、粗骨材最大寸法、アルカリシリカ反応抑制対策の方法。
	必要に応じて生産者と協議	材齢、水セメント比、単位水量の目標上限値、単位セメント量の上限値または下限値、空気量。

レディーミクストコンクリートの主な規定値の内容を下記に整理する（「コンクリート標準示方書」参照）。

項　目	留　意　点			
圧縮強度	強度は材齢 28 日における標準養生強試体の試験値で表し、1 回の試験結果は、呼び強度の強度値の 85％以上で、かつ 3 回の試験結果の平均値は、呼び強度の強度値以上とする。			
空気量（単位：％）	コンクリートの種類	空気量	空気量の許容差	
	普通コンクリート	4.5	± 1.5	
	軽量コンクリート	5.0		
	舗装コンクリート	4.5		
スランプ（単位：cm）	スランプ	2.5	5 及び 6.5	8〜18 ／ 21
	スランプの誤差	± 1	± 1.5	± 2.5 ／ ± 1.5
塩化物含有量	塩化物イオン量として $0.30\,kg/m^3$ 以下（承認を受けた場合は $0.60\,kg/m^3$ 以下）とする。			
アルカリ骨材反応の防止・抑制対策	・アルカリシリカ反応性試験（化学法及びモルタルバー法）で無害と判定された骨材を使用して防止する。 ・コンクリート中のアルカリ総量を Na_2O 換算で $3.0\,kg/m^3$ 以下に抑制する。 ・混合セメント（高炉セメント（B 種、C 種）、フライアッシュセメント（B 種、C 種））を使用して抑制する。			

P.int → ワンポイントアドバイス

・コンクリートの品質規定としては、圧縮強度、空気量、スランプ、塩化物含有量、アルカリ骨材反応について 5 点セットとして理解しておく。

経験記述編

学科記述編

3章

(2) コンクリート材料

コンクリートの材料は、主に下記に分類される。

種　類	内　容
セメント	・ポルトランドセメントは、普通・早強・超早強・中庸熱・低熱・耐硫酸塩ポルトランドセメントの6種類が規定されている。 ・混合セメントは、JISにおいて以下の4種類が規定されている。 　①　高炉セメント：A種・B種・C種の3種類 　②　フライアッシュセメント：A種・B種・C種の3種類 　③　シリカセメント：A種・B種・C種の3種類 　④　エコセメント：普通エコセメント、速硬エコセメントの2種類
練混ぜ水	・一般に上水道水、河川水、湖沼水、地下水、工業用水（ただし、鋼材を腐食させる有害物質を含まない水）を使用し、海水は使用しない。
骨　材	・細骨材の種類としては、砕砂、高炉スラグ細骨材、フェロニッケルスラグ細骨材、銅スラグ細骨材、電気炉酸化スラグ細骨材、再生細骨材がある。 ・粗骨材の種類としては、砕石、高炉スラグ粗骨材、電気炉酸化スラグ粗骨材、再生粗骨材がある。 ・骨材の含水状態による呼び名は、「絶対乾燥状態」「空気中乾燥状態」「表面乾燥飽水状態」「湿潤状態」の4つで表す。示方配合では、「表面乾燥飽水状態」を吸水率や表面水率を表すときの基準とする。
混和材料	・混和材は、コンクリートのワーカビリティーを改善し、単位水量を減らし、水和熱による温度上昇を小さくするもので、主な混和材としてフライアッシュ、シリカフューム、高炉スラグ微粉末などがある。 ・混和剤には、ワーカビリティー、凍霜害性を改善するものとしてAE剤、AE減水剤などがあり、単位水量及び単位セメント量を減少させるものとしては、減水剤やAE減水剤など、その他高性能減水剤、流動化剤、硬化促進剤などがある。

（a）セメント　　（b）水　　（c）砂利，砂　　（d）混和材料

Point → ワンポイントアドバイス
- コンクリート材料に関しては、セメント及び混和材料が重要項目である。

LESSON 3　特殊コンクリート

出題ランク ★☆☆

　その他コンクリートとして、暑中コンクリート、寒中コンクリートがよく施工される。

項　目	留　　意　　点
暑中 コンクリート	• 日平均気温が 25℃を超えることが予想されるときは、暑中コンクリートとして施工する。 • 打込みは、練り混ぜ開始から打ち終わるまでの時間は 1.5 時間以内を原則とする。 • 打込み時のコンクリートの温度は 35℃以下とする。
寒中 コンクリート	• 日平均気温が 4℃以下になることが予想されるときは、寒中コンクリートとして施工する。 • セメントはポルトランドセメント及び混合セメント B 種を用いる。 • 配合は AE コンクリートとする。 • 打込み時のコンクリート温度は 5〜20℃の範囲とする。 • 打込みは、練り混ぜ始めてから打ち終わるまでの時間はできるだけ短くする。
マス コンクリート	• 低熱、中庸熱、フライアッシュ B 種などの発熱量の低いセメントを使用する。 • 単位セメント量を低減する。 • 水和反応を抑制するため、単位水量を小さくする。 • 氷や水、パイプクーリングにより冷却を行う。

Point ➡ ワンポイントアドバイス

- 寒中コンクリート及び暑中コンクリートにおける、日平均気温、コンクリート温度、打設時間を整理しておく。

・日平均気温：4℃以下
・打込み時コンクリート
　温度：5 〜 20℃

◯ 寒中コンクリート

・日平均気温：25℃以上
・打込み時コンクリート
　温度：35℃以下

◯ 暑中コンクリート

チャレンジコーナー
（演習問題と解説・解答）

CHALLENGE **1** コンクリートの施工　　　　　　　　　　　　出題ランク ★★★

> 演習問題 **1**　　コンクリート構造物の施工において、コンクリートの打込み時、
> または締固め時に留意すべき事項を 2 つ、解答欄に記述しなさい。　　(R3- 問題 5)

解 説　下記のうち 2 つを選定し、記述する。

解 答

項目	留意すべき事項
打込み時	・打上がり面がほぼ水平になるように打ち込む。 ・打込みの 1 層の高さは 40〜50 ㎝を標準とする。 ・鉄筋や型枠が所定の位置から動かないようにする。 ・打ち込んだコンクリートは、型枠内で横移動させない。 ・打込み中に表面に集まったブリーディング水は、適当な方法で取り除いてから打ち込む。
締固め時	・締固めには、内部振動機を使用することを原則とする。 ・内部振動機は、なるべく鉛直に一様な間隔で差し込む。 ・内部振動機は横移動を目的として使用してはならない。 ・締固めには、内部振動機を下層のコンクリートに 10 ㎝程度挿入する。 ・振動機を引き抜くときはゆっくりと、穴が残らないように引き抜く。

演習問題 2 コンクリートの打込み、締固め、養生に関する次の文章の ▢ の（イ）～（ホ）に当てはまる<u>適切な語句を、次の語句から選び解答</u>欄に記入しなさい。

(1) コンクリートの打込み中、表面に集まった ▢（イ）▢ 水は、適当な方法で取り除いてからコンクリートを打ち込まなければならない。

(2) コンクリート締固め時に使用する棒状バイブレータは、材料分離の原因となる ▢（ロ）▢ 移動を目的に使用してはならない。

(3) 打込み後のコンクリートは、その部位に応じた適切な養生方法により一定期間は十分な ▢（ハ）▢ 状態に保たなければならない。

(4) ▢（二）▢ セメントを使用するコンクリートの ▢（ハ）▢ 養生期間は、日平均気温 15℃以上の場合、5 日を標準とする。

(5) コンクリートは、十分に ▢（ホ）▢ が進むまで、▢（ホ）▢ に必要な温度条件に保ち、低温、高温、急激な温度変化などによる有害な影響を受けないように管理しなければならない。

［語句］

硬化、ブリーディング、水中、混合、レイタンス、乾燥、普通ポルトランド、落下、中和化、垂直、軟化、コールドジョイント、湿潤、横、早強ポルトランド

(R2- 問題 4)

解 説 「コンクリート標準示方書 施工編」の施工標準 7 章及び 8 章を参考にする。

解 答

（イ）	（ロ）	（ハ）	（二）	（ホ）
ブリーディング	横	湿潤	普通ポルトランド	硬化

CHALLENGE 2 コンクリートの品質

出題ランク ★☆☆

> **演習問題3** コンクリートに関する次の用語から2つ選び、用語とその用語
> の説明についてそれぞれ解答欄に記述しなさい。
>
> ・コールドジョイント
> ・ワーカビリティー
> ・レイタンス
> ・かぶり
>
> (R2- 問題5)

解説 「コンクリート標準示方書 施工編」の施工標準1章（用語の定義）を参考とする。下記について2つを選定し記述する。

解答

用 語	用語の説明
コールドジョイント	コンクリートを新・旧の層状に打ち込む場合に、先に打ち込んだコンクリートと後から打ち込んだコンクリートの間が完全に一体化していない不連続面をいう。
ワーカビリティー	フレッシュコンクリートの打設時、材料分離を生じることなく、運搬、打込み、締固め、仕上げなどの作業が容易にできる程度をいう。
レイタンス	コンクリートの打設後、ブリーディングに伴い、内部の不純物が浮上し、コンクリート表面にできる薄い層をいう。
かぶり	鉄筋の表面からコンクリート表面までの最短距離で測ったコンクリートの厚さをいう。

演習問題 4　鉄筋の組立て・型枠及び型枠支保工の品質管理に関する次の文章の 　　　 の（イ）～（ホ）に当てはまる適切な語句を、次の語句から選び解答欄に記入しなさい。

(1) 鉄筋の継手箇所は、構造上弱点になりやすいため、できるだけ、大きな荷重がかかる位置を避け、 (イ) の断面に集めないようにする。

(2) 鉄筋の (ロ) を確保するためのスペーサは、版（スラブ）及び梁部ではコンクリート製やモルタル製を用いる。

(3) 型枠は、外部からかかる荷重やコンクリートの (ハ) に対し、十分な強度と剛性を有しなければならない。

(4) 版（スラブ）の型枠支保工は、施工時及び完成後のコンクリートの自重による沈下や変形を想定して、適切な (ニ) をしておかなければならない。

(5) 型枠及び型枠支保工を取り外す順序は、比較的荷重を受けにくい部分をまず取り外し、その後残りの重要な部分を取り外すので、梁部では (ホ) が最後となる。

[語句]

負圧、相互、妻面、千鳥、側面、底面、側圧、同一、水圧、上げ越し、口径、下げ止め、応力、下げ越し、かぶり

(R3- 問題 7)

解説　鉄筋の組立て・型枠及び型枠支保工の品質管理に関しては、「コンクリート標準示方書　施工編」の施工標準 10 章及び 11 章に示されている。

解答

（イ）	（ロ）	（ハ）	（ニ）	（ホ）
同一	かぶり	側圧	上げ越し	底面

CHALLENGE3 特殊コンクリート 〔出題ランク ★☆☆〕

> **演習問題 5** 次の各種コンクリートの中から **2つ選び**、それぞれについて**打込み時または養生時に留意する事項**を解答欄に記述しなさい。
>
> ・寒中コンクリート
> ・暑中コンクリート
> ・マスコンクリート
>
> (R2- 問題 8)

解説 各種コンクリートの打込み時または養生時の留意事項に関しては、主に「コンクリート標準示方書　施工編」の施工標準 12 章、13 章、14 章に示されている。下記について、2 つを選定し記述する。

解答

寒中コンクリート
【打込み時】
・打込みは、コンクリートの温度がなるべく下がらないようにする。
・練混ぜ開始から打ち込むまでの時間をできるだけ短くし、コンクリート温度の低下を防ぐ。
・打込み時のコンクリートの温度は、構造物の断面寸法、気象条件等を考慮して、5〜20℃の範囲を保つ。
【養生時】
・コンクリートは、打込み後の初期に凍結しないように十分に保護し、特に風を防ぐようにする。
・所定の圧縮強度が得られるまで、コンクリートの温度を 5℃以上に保ち、さらに 2 日間は 0℃以上に保つ。
・保温養生または給熱養生を終了するときには、コンクリートの温度を急激に低下させない。

暑中コンクリート
【打込み時】
・コンクリートの打込みは、練混ぜ開始から打ち終わるまでの時間は 1.5 時間以内を原則とする。
・打込み時のコンクリート温度は、35℃以下に保つ。
・コンクリートを打ち込む前に、地盤、型枠等、コンクリートから吸水するおそれのある部分を湿潤状態に保つ。
【養生時】
・コンクリートの打込み終了後は速やかに養生を開始し、コンクリートの表面を直射日光や風等による乾燥から保護する。
・型枠も湿潤状態を保ち、型枠取り外し後も養生期間中は露出面を湿潤状態に保つ。
・散水、覆い等により湿潤状態を保ち、表面の乾燥を抑える。

マスコンクリート
【打込み時】 ・コンクリートの打込み温度は、温度ひび割れに関する照査等の事前に定められた温度を超えないようにする。 ・気温の高い炎天下はなるべく避け、外気温が低い時間帯となるようにする。 ・打設時のコンクリート温度及び履歴は常に管理し、計画時の温度と大きく異なる場合は、施工計画を変更する。 【養生時】 ・温度ひび割れ制御が計画通りに行えるように温度制御を行い、養生をする。 ・コンクリート表面を発泡スチロールなどの断熱性のよい材料で、保温、保護をする。 ・コンクリート内部温度の最大値を下げるためには、パイプクーリングにより温度低下を図る。

4章 品質管理

「語句解答形式」と「記述解答形式」の2問程度が出題される。

出題項目	出題実績 （ランク）	解答 形式	対　　策
土工の品質管理	☆☆☆ 8問／10年	語句5問 記述3問	• 品質管理の主要項目としてよく出題されており、「2章　土工」と併せて整理しておく。 • 盛土の品質管理方式は、品質規定方式と工法規定方式の内容について整理しておく。 • 盛土施工の品質管理は、盛土の締固め管理について整理しておく。
コンクリートの 品質管理	☆☆☆ 10問／10年	語句7問 記述3問	• 品質管理の主要項目としてよく出題されており、「3章　コンクリート」と併せて整理しておく。 • レディーミクストコンクリートの品質規定は、コンクリートの品質規定として、圧縮強度、空気量、スランプ、塩化物含有量、アルカリ骨材反応について5点セットとして理解しておく。 • コンクリート構造物の非破壊検査は、検査項目、測定内容、検査方法について整理しておく。

レッスンコーナー
（重要ポイントの解説）

LESSON 1 土工の品質管理　　　　　　　　　　　　　出題ランク ★★★

（1）盛土の品質規定方式

土工（主として盛土）の品質管理方法について、下記に整理する。

品質管理方法		内　　容
品質規定方式	基準試験の最大乾燥密度、最適含水比を利用する方法	現場で締め固めた土の乾燥密度と基準の締固め試験の最大乾燥密度との比を締固め度と呼び、この値を規定する方法である。
	空気間隙率または飽和度を施工含水比で規定する方法	締め固めた土が安定な状態である条件として、空気間隙率または飽和度が一定の範囲内にあるように規定する方法である。
	締め固めた土の強度あるいは変形特性を規定する方法	締め固めた盛土の強度あるいは変形特性を貫入抵抗、現場CBR、支持力、プルーフローリングによるたわみの値によって規定する方法である。
工法規定方式		使用する締固め機械の種類、締固め回数などの工法を規定する方法である。あらかじめ現場締固め試験を行って、盛土の締固め状況を調べる必要がある。

 ワンポイントアドバイス
・品質規定方式と工法規定方式の違いを理解しておく。

（2）盛土施工の品質管理

盛土の施工における品質管理について、下記に整理する。

▼盛土工における留意点

項　　目	留意点
締固め	・盛土材料の含水比を最適含水比に近づける。 ・材料の性質により適当な締固め機械を選ぶ。 ・施工中の排水処理を十分に行う。
盛土材料	・締め固めた後の圧縮性が小さいこと。 ・吸水による膨潤性が低いこと。 ・締固めの施工が容易であること。 ・雨水などの浸食に対して強いこと。

181

LESSON 2　コンクリートの品質規定　出題ランク ★★★

(1) レディーミクスコンクリートの品質規定

品質についての指定事項を下記に整理する。

項　　目		内　　容
レディーミクストコンクリートの種類		粗骨材最大寸法、目標スランプまたはスランプフロー、呼び強度で表す。
指定事項	生産者と協議	セメントの種類、骨材の種類、粗骨材最大寸法、アルカリシリカ反応抑制対策の方法。
	必要に応じて生産者と協議	材齢、水セメント比、単位水量の目標上限値、単位セメント量の上限値または下限値、空気量。

レディーミクストコンクリートの主な規定値の内容を下記に整理する（「コンクリート標準示方書」参照）。

項　　目	留　　意　　点			
圧縮強度	強度は材齢 28 日における標準養生強試体の試験値で表し、1 回の試験結果は、呼び強度の強度値の 85% 以上で、かつ 3 回の試験結果の平均値は、呼び強度の強度値以上とする。			
空気量（単位：%）	コンクリートの種類	空気量	空気量の許容差	
	普通コンクリート	4.5	± 1.5	
	軽量コンクリート	5.0		
	舗装コンクリート	4.5		
スランプ（単位：cm）	スランプ	2.5	5 及び 6.5	8～18	21
	スランプの誤差	± 1	± 1.5	± 2.5	± 1.5
塩化物含有量	塩化物イオン量として 0.30 kg/m³ 以下（承認を受けた場合は 0.60 kg/m³ 以下）とする。			
アルカリ骨材反応の防止・抑制対策	• アルカリシリカ反応性試験（化学法及びモルタルバー法）で無害と判定された骨材を使用して防止する。 • コンクリート中のアルカリ総量を Na_2O 換算で 3.0 kg/m³ 以下に抑制する。 • 混合セメント（高炉セメント（B 種、C 種）、フライアッシュセメント（B 種、C 種））を使用して抑制する。			

(2) コンクリート構造物の非破壊検査

コンクリート構造物を破壊せずに、健全度、劣化状況を調査し、規格などによる基準に従って合否を判定する方法であり、下表のような検査がある。

検査項目	測 定 内 容	検 査 方 法
外観	劣化状況／異常箇所	目視検査／デジタルカメラ／赤外線
変形	全体変形／局部変形	メジャー／トランシット／レーザ
強度	コンクリート強度／弾性係数	コア試験／テストハンマ
ひび割れ	分布／幅／深さ	デジタルカメラ／赤外線／超音波
背面	コンクリート厚／背面空洞	電磁波レーダ／打音
有害物質	中性化／塩化物イオン／アルカリ骨材反応	コア試験／試料分析
鉄筋	かぶり／鉄筋間隔	電磁波レーダ／Ｘ線

（演習問題と解説・解答）

CHALLENGE 1 土工の品質管理　　　　　　　　　出題ランク ★★★

演習問題 1　盛土の施工に関する次の文章の[　　　]の（イ）〜（ホ）に当てはまる適切な語句を、次の語句から選び解答欄に記入しなさい。

(1) 敷均しは、盛土を均一に締め固めるために最も重要な作業であり[　(イ)　]で丁寧に敷均しを行えば均一でよく締まった盛土を築造することができる。

(2) 盛土材料の含水量の調節は、材料の[　(ロ)　]含水比が締固め時に規定される施工含水比の範囲内にない場合にその範囲に入るよう調節するもので、曝気乾燥、トレンチ掘削による含水比の低下、散水等の方法がとられる。

(3) 締固めの目的として、盛土法面の安定や土の[　(ハ)　]の増加等、土の構造物として必要な[　(ニ)　]が得られるようにすることがあげられる。

(4) 最適含水比、最大[　(ホ)　]に締め固められた土は、その締固めの条件のもとでは土の間隙が最小である。

[語句]

塑性限界、収縮性、乾燥密度、薄層、最小、湿潤密度、支持力、高まき出し、最大、砕石、強度特性、飽和度、流動性、透水性、自然

(R3-問題6)

　盛土の施工に関しては、「道路土工　盛土工指針」等に示されている。

（イ）	（ロ）	（ハ）	（ニ）	（ホ）
薄層	自然	支持力	強度特性	乾燥密度

CHALLENGE2 コンクリートの品質管理

演習問題2 レディーミクストコンクリート（JIS A 5308）「普通 − 24 − 8 − 20 N」（空気量の指定と塩化物含有量の協議は行わなかった）の荷おろし時に行う受入れ検査に関する下記の項目の中から2項目を選び、その項目の<u>試験名と判定内容</u>を記入例を参考に解答欄に記述しなさい。

・スランプ
・塩化物イオン量
・圧縮強度

(H28- 問題 8)

解説 レディーミクストコンクリートの荷おろし時に行う受入れ検査に関しては、JIS A 5308 及び「コンクリート標準示方書　施工編」の検査標準5章に示されている。下記について、2つを選定し記述する。

解答

項目	試験名	判定内容			
スランプ	スランプ試験	下表の通りとする。〔単位：cm〕			
		スランプ	2.5	5及び6.5	8〜18	21
		スランプの誤差	± 1	± 1.5	± 2.5	± 1.5
塩化物イオン量	塩化物含有量試験	塩化物含有量：塩化物イオン量として 0.30 kg/m^3 以下（承認を受けた場合は 0.60 kg/m^3 以下とできる）。			
圧縮強度	圧縮強度試験	1回の試験結果は、呼び強度の強度値の 85％以上で、かつ3回の試験結果の平均値は、呼び強度の強度値以上とする。			

演習問題3 コンクリートに関する次の用語から<u>2つ選び、用語とその用語</u>の説明をそれぞれ解答欄に記述しなさい。ただし、解答欄の記入例と同一内容は不可とする。

- ・エントレインドエア
- ・スランプ
- ・ブリーディング
- ・呼び強度
- ・コールドジョイント

(H29-問題5)

解説 コンクリートに関する用語は、「コンクリート標準示方書 施工編」の施工標準1章に示されている。下記のうち2つを記述する。

解答

エントレインドエア
AE剤などによりフレッシュコンクリート中に連行された微細な独立した気泡のこと。ほぼ球形をしており、耐凍害性やワーカビリティーを向上させる。
スランプ
フレッシュコンクリートの柔らかさを表す数値で、スランプ試験で測定されワーカビリティーの指標となる（スランプコーンに突き固めたフレッシュコンクリートがコーンを抜き去られたときの頂部からの下がりを0.5cm単位で表すもので、ワーカビリティーの指標となる）。
ブリーディング
フレッシュコンクリートの打設において、打設表面に水が浮かび上がってくる現象のこと。
呼び強度
コンクリートの設計基準強度に、温度補正など考慮した割り増しをプラスし、生コン工場に発注されるレディーミクストコンクリートの圧縮強度のこと。
コールドジョイント
新・旧コンクリートの打ち継ぎにおいて先に打ち込んだコンクリートと後から打ち込んだコンクリートが完全に一体化してない打ち継ぎをいう。

5章 安全管理

チェックコーナー
（出題傾向と対策）

「語句解答形式」と「記述解答形式」の2問程度が出題される。

出題項目	出題実績（ランク）	解答形式	対　　策
掘削作業・土止め支保工（土留め支保工）	☆ 2問／10年	語句1問 記述1問	・掘削作業は、地山の種類及び高さによる勾配をまとめておく。 ・土止め支保工は、設置に関する基準の数値を整理しておく。
足場工・墜落危険防止	☆☆ 3問／10年	語句3問 記述0問	・足場工における基準の数値を整理しておく。 ・墜落危険防止対策については、主に作業床、安全帯、悪天候時の作業、照度の保持が重要なキーワードとなる。 ・型枠支保工は、組立て図、型枠支保工の設置、コンクリート打設作業に区分して留意点を整理する。
車両系建設機械・移動式クレーン	☆☆ 3問／10年	語句1問 記述2問	・車両系建設機械については、前照燈、ヘッドガード、転落防止、接触防止、合図、運転位置離脱、移送、用途以外、使用制限は、基本項目である。 ・移動式クレーンについては、配置・据付けと作業に分けて留意点を整理する。
各種工事労働災害防止	☆☆ 3問／10年	語句0問 記述3問	・近年出題は少ないが、過去の実績は多いので注意しておく。 ・公衆災害防止対策：すべての工事における安全対策としては、「案内板・表示板の設置」、「監視員の配置」が重要である。 ・地下埋設物・架空線近接工事：ガス管、電線工事における留意点を整理しておく。

5章

レッスンコーナー
（重要ポイントの解説）

LESSON 1 掘削作業・土止め支保工　　　　　出題ランク ★☆☆

（1）掘削作業

掘削作業の安全対策について、労働安全衛生規則（第355条〜）により次表に整理する。

項　目	内　容
作業箇所の調査	形状、地質、地層の状態／亀裂、含水、湧水及び凍結の有無／埋設物などの有無／高温のガス及び蒸気の有無など
掘削面の勾配と高さ	地山の種類、高さにより下表に区分される。

地山の区分	掘削面の高さ	勾配	備　考
岩盤または硬い粘土からなる地山	5m 未満	90°以下	
	5m 以上	75°以下	
その他の地山	2m 未満	90°以下	
	2〜5m 未満	75°以下	
	5m 以上	60°以下	
砂からなる地山	勾配 35°以下または高さ 5m 未満		
発破などにより崩壊しやすい状態の地山	勾配 45°以下または高さ 2m 未満		

（a）岩盤または硬い粘土からなる地山

（b）その他の地山

Point ➡ ワンポイントアドバイス

・地山の種類及び高さによる勾配をまとめておく。

（2）土止め支保工

土止め支保工の安全対策について、労働安全衛生規則（第368条〜）により次表に整理する。

項　目	内　容
部材の取り付けなど	・切ばり及び腹起しは、脱落を防止するため、矢板、杭などに確実に取り付ける。 ・圧縮材の継手は、突合せ継手とする。 ・切ばりまたは火打ちの接続部及び切ばりと切ばりの交さ部は当て板を当て、ボルト締めまたは溶接などで堅固なものとする。
切ばりなどの作業	・関係者以外の労働者の立入りを禁止する。 ・材料、器具、工具などを上げたり、下ろしたりするときはつり綱、つり袋などを使用する。
点　検	・7日を超えない期間ごと、中震以上の地震の後、大雨などにより地山が急激に軟弱化するおそれのあるときには、部材の損傷、変形、変位及び脱落の有無、部材の接続部、交さ部の状態について点検し、異常を認めたときは直ちに補強または補修をする。
土止め工の設置	・掘削深さ1.5 mを超える場合に設置し、4 mを超える場合、親杭横矢板工法または鋼矢板とする。
根入れ深さ	・杭の場合は1.5 m、鋼矢板の場合は3.0 m以上とする。
親杭横矢板工法	・土止め杭はH-300以上、横矢板最小厚は3 cm以上とする。
腹起し	・部材はH-300以上、継手間隔は6.0 m以上、垂直間隔は3.0 m以内とする。
切ばり	・部材はH-300以上、水平間隔は5.0 m以下、垂直間隔は3.0 m以内とする。

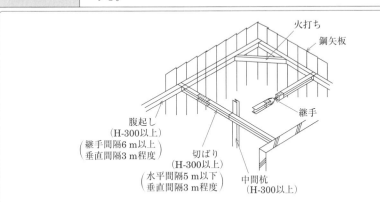

 → ワンポイントアドバイス

・土止め支保工設置に関する、基準の数値を整理しておく。

LESSON2 足場工・墜落危険防止 〔出題ランク ★★☆〕

（1）足場工

足場工の安全対策について、労働安全衛生規則（第559条〜）により下記に整理する。

鋼管足場（パイプサポート）

項　目	内　　　　容
鋼管足場	・滑動または沈下防止のためにベース金具、敷板などを用い根がらみを設置する。 ・鋼管の接続部または交さ部は付属金具を用いて、確実に緊結する。
単管足場	・建地の間隔は、桁行方向1.85 m、梁間方向1.5 m以下とする。 ・建地間の積載荷重は、400 kgを限度とする。 ・地上第一の布は2 m以下の位置に設ける。 ・最高部から測って31 mを超える部分の建地は2本組とする。
枠組足場	・最上層及び5層以内ごとに水平材を設ける。 ・梁枠及び持送り枠は、水平筋かいにより横ぶれを防止する。 ・高さ20 m以上のとき、主枠は高さ2.0 m以下、間隔は1.85 m以下とする。

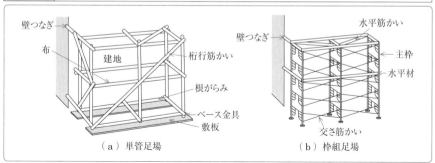

（a）単管足場　　　　　　　　（b）枠組足場

（2）墜落危険防止

墜落危険防止対策について、労働安全衛生規則（第518条〜）により下記に整理する。

項　目	内　　　　容
作業床	高さ2 m以上で作業を行う場合、足場を組み立てるなどにより作業床を設け、また、作業床の端や開口部などには囲い、85 cm以上の手すり、中さん（高さ35〜50 cm）、幅木（高さ10 cm以上）及び覆いなどを設けなければならない。

項　目	内　容
安全帯	高さ 2 m 以上で作業を行う場合、85 cm 以上の手すり、覆いなどを設けることが著しく困難な場合やそれらを取り外す場合、安全帯が取り付けられる設備を準備する。また、労働者に安全帯を使用させるなどの措置をし、墜落による労働者の危険を防止しなければならない。
悪天候時の作業	強風、大雨、大雪などの悪天候のときは危険防止のため、高さ 2 m 以上での作業をしてはならない。
照度の保持	高さ 2 m 以上で作業を行う場合、安全作業確保のため、必要な照度を保持しなければならない。
昇降設備	高さ 1.5 m 以上で作業を行う場合、昇降設備を設けることが作業の性質上著しく困難である場合以外は、労働者が安全に昇降できる設備を設けなければならない。

 ワンポイントアドバイス

- 墜落危険防止対策については、主に作業床、要求性能墜落制止用器具、悪天候時の作業、照度の保持が重要なキーワードとなる。
- 労働安全衛生規則の改正により、作業床における手すり、中さん、幅木について整理する必要がある。

LESSON 3　車両系建設機械・移動式クレーン　（出題ランク ★★☆）

(1) 車両系建設機械

車両系建設機械の安全対策について、労働安全衛生規則（第 152 条〜）により下記に整理する。

項　目	内　容
前照灯の設置	照度が保持されている場所以外では、前照灯を備える。
ヘッドガード	岩石の落下などの危険が生じる箇所では、堅固なヘッドガードを備える。
転落などの防止	運行経路における路肩の崩壊防止、地盤の不同沈下の防止、必要な幅員の確保を図る。
接触の防止	接触による危険箇所への労働者の立入り禁止及び誘導者の配置を行う。
合　図	一定の合図を決め、誘導者に合図を行わせる。

項　目	内　容
運転位置から離れる場合	バケット、ジッパーなどの作業装置を地上におろす。 原動機を止め、走行ブレーキをかける。
移　送	積卸しは平坦な場所で行い、道板は十分な長さ、幅、強度、適当な勾配で取り付ける。
主たる用途以外の使用制限	パワーショベルによる荷の吊り上げ、クラムシェルによる労働者の昇降などの主たる用途以外の使用を禁止する。

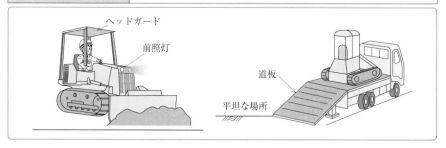

ワンポイントアドバイス

- 前照灯、ヘッドガード、転落防止、接触防止、合図、運転位置離脱、移送、用途以外使用制限は、**基本項目である。**

(2) 移動式クレーン

移動式クレーンの安全対策について、クレーン等安全規則により下記に整理する。

区　分	項　目	内　容
配置・据付け	作業方法の検討	作業範囲内に障害物がないことを確認する。ある場合はあらかじめ作業方法の検討を行う。
	地盤状態の確認	設置する地盤の状態を確認する。地盤の支持力が不足する場合は、地盤の改良、鉄板などにより、吊り荷重に相当する地盤反力を確保できるまで補強する。
	機体の位置	機体は水平に設置し、アウトリガーは作業荷重によって、最大限に張り出す。
	荷重制限	荷重表で吊り上げ能力を確認し、吊り上げ荷重や旋回範囲の制限を厳守する。
	作業開始前の点検	作業開始前に、負荷をかけない状態で、巻過防止装置、警報装置、ブレーキ、クラッチなどの機能について点検を行う。
	運転開始後の点検	運転開始後しばらくして、アウトリガーの状態を確認し、異常があれば調整する。
作業	適用の除外	クレーン、移動式クレーン、デリックで、吊り上げ荷重が 0.5 t 未満のものは適用しない。
	作業の方法などの決定	転倒などによる労働者の危険防止のために以下の事項を定める。 ① 移動式クレーンによる作業の方法 ② 移動式クレーンの転倒を防止するための方法 ③ 移動式クレーンの作業にかかわる労働者の配置及び指揮の系統
	特別の教育	吊り上げ荷重が 1 t 未満の移動式クレーンの運転をさせるときは特別教育を行う。
	就業制限	移動式クレーンの運転士免許が必要となる（吊り上げ荷重が 1～5 t 未満は運転技能講習修了者で可となる）。
	過負荷の制限	定格荷重を超えての使用は禁止する。
	使用の禁止	軟弱地盤や地下工作物などにより転倒のおそれのある場所での作業は禁止する。
	アウトリガー	アウトリガーまたはクローラは最大限に張り出さなければならない。
	運転の合図	一定の合図を定め、指名した者に合図を行わせる。
	搭乗の制限	労働者を運搬したり、吊り上げての作業は禁止する（ただし、やむを得ない場合は、専用の搭乗設備を設けて乗せることができる）。

区　分	項　目	内　容
作業	立入り禁止	作業半径内の労働者の立入りを禁止する。
	強風時の作業の禁止	強風のために危険が予想されるときは作業を禁止する。
	離脱の禁止	荷を吊ったままでの、運転位置からの離脱を禁止する。
	作業開始前の点検	その日の作業開始前に、巻過防止装置、過負荷警報装置、その他の警報装置、ブレーキ、クラッチ及びコントローラの機能について点検する。

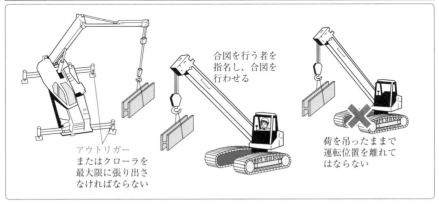

合図を行う者を
指名し、合図を
行わせる

アウトリガー
またはクローラを
最大限に張り出さ
なければならない

荷を吊ったままで
運転位置を離れて
はならない

Ⓟ→ ワンポイントアドバイス
・移動式クレーンについては、配置・据付けと作業に分けて留意点を
整理する。

公衆災害防止対策

　各種建設工事の安全対策について、「建設工事公衆災害防止対策要綱（土木工事編）」及び「土木工事安全施工技術指針」により下記に整理する。

項　目	内　容
作業場 （要綱第 10〜第 16）	・作業場は周囲と明確に区分し、固定柵またはこれに類する工作物を設置する。 ・道路上に作業場を設ける場合には、交通流に対する背面から車両を出入りさせる。 ・作業場の出入口には、原則として引戸式の扉を設け、作業に必要のない限り閉鎖し、公衆の立入りを禁ずる標示板を掲げる。
交通対策 （要綱第 17〜第 27）	・道路標識、標示板などの設置、案内用標示板などの設置、通行制限する場合の車道幅員確保などの安全対策を行うにあたっては、道路管理者及び所轄警察署長の指示に従う。 ・道路上または道路に接して夜間工事を行う場合には、作業場を区分する柵などに沿って、150 m 前方から視認できる保安灯を設置する。 ・特に交通量の多い道路上で工事を行う場合は、工事中を示す標示板を設置し、必要に応じて夜間 200 m 前方から視認できる注意灯などを設置する。
埋設物 （要綱第 33〜第 40）	・埋設物に近接して工事を施工する場合には、あらかじめ埋設物管理者及び関係機関と協議し、施工の各段階における埋設物の保全上の措置、実施区分、防護方法、立会いの有無、連絡方法などを決定する。 ・埋設物が予想される場所で工事を施工しようとするときは、台帳に基づいて試掘などを行い、埋設物の種類、位置などを原則として目視により確認する。 ・埋設物に近接して掘削を行う場合は、周囲の地盤の緩み、沈下などに注意し、必要に応じて補強、移設などの措置を講じる。
架空線近接工事 （指針第 3 章）	・施工者は、架線、構造物など、もしくは作業場の境界に近接して、またはやむを得ず作業場の外に出て機械類を操作する場合においては、歯止めの設置、ブームの回転に対するストッパの使用、近接電線に対する絶縁材の装着、見張員の配置など必要な措置を講じる。 ・建設機械ブームなどの旋回、立入り禁止区域を設定する。

　ワンポイントアドバイス

　　・すべての工事における安全対策としては、「案内板、表示板の設置」、「監視員の配置」が重要である。

（演習問題と解説・解答）

CHALLENGE 1 掘削作業・土止め支保工　　　出題ランク ★☆☆

演習問題 1　下図に示す土止め支保工の組立て作業にあたり、安全管理上必要な労働災害防止対策に関して労働安全衛生規則に定められている内容について2つ解答欄に記述しなさい。ただし、解答欄の（例）と同一内容は不可とする。

（R1- 問題8）

解説　土止め支保工の安全対策については、労働安全衛生規則（第368条〜）により定められている。下記より2つ記述する。

解答

・切ばり及び腹起しは脱落を防止するため、矢板、杭等に確実に取り付ける。

・圧縮材の継手は、突合せ継手とする。

・切ばりまたは火打ちの接続部及び切ばりと切ばりの交さ部は当て板を当て、ボルト締めまたは溶接などで堅固なものとする。

・組立て作業においては、関係者以外の労働者の立入りを禁止する。

・材料、器具、工具などを上げ、下ろすときはつり綱、つり袋などを使用する。

・掘削深さ1.5 mを超える場合に設置し、4 mを超える場合は親杭横矢板工法または鋼矢板とする。

・杭の場合は1.5 m、鋼矢板の場合は3.0 m以上とする。

・腹起しの部材はH-300以上、継手間隔は6.0 m以上、垂直間隔は3.0 m以内とする。

・切ばりの部材はH-300以上、継手間隔は3.0 m以上、垂直間隔は3.0 m以内とする。

演習問題2 明り掘削作業時に事業者が行わなければならない安全管理に関し、労働安全衛生規則上、次の文章の _____ の（イ）～（ホ）に当てはまる適切な語句または数値を、下記の語句または数値から選び解答欄に記入しなさい。

(1) 掘削面の高さが ___(イ)___ m 以上となる地山の掘削（ずい道及び立坑以外の坑の掘削を除く）作業については、地山の掘削作業主任者を選任し、作業を直接指揮させなければならない。

(2) 明り掘削の作業を行う場合において、地山の崩壊または土石の落下により労働者に危険を及ぼすおそれのあるときは、あらかじめ、___(ロ)___ を設け、防護網を張り、労働者の立入りを禁止する等当該危険を防止するための措置を講じなければならない。

(3) 明り掘削の作業を行うときは、点検者を指名して、作業箇所及びその周辺の地山について、その日の作業を開始する前、___(ハ)___ の後及び中震以上の地震の後、浮石及び亀裂の有無及び状態ならびに含水、湧水及び凍結の状態の変化を点検させること。

(4) 明り掘削の作業を行う場合において、運搬機械等が労働者の作業箇所に後進して接近するとき、または転落するおそれのあるときは、___(ニ)___ 者を配置しその者にこれらの機械を ___(ニ)___ させなければならない。

(5) 明り掘削の作業を行う場所については、当該作業を安全に行うため作業面にあまり強い影を作らないように必要な ___(ホ)___ を保持しなければならない。

[語句または数値]

角度、大雨、3、土止め支保工、突風、4、型枠支保工、照度、落雷、合図、誘導、濃度、足場工、見張り、2

（H28-問題7）

解説 労働安全衛生規則の第355条から第367条を参照する。

解答

（イ）	（ロ）	（ハ）	（ニ）	（ホ）
2	土止め支保工	大雨	誘導	照度

CHALLENGE 2 　足場工・墜落危険防止

出題ランク ★★☆

演習問題 3　建設工事における高所作業を行う場合の安全管理に関して、労働安全衛生法上、次の文章の[　　　]の（イ）〜（ホ）に当てはまる適切な語句または数値を、次の語句または数値から選び解答欄に記入しなさい。

(1) 高さが[（イ）]m 以上の箇所で作業を行う場合で、墜落により労働者に危険を及ぼすおそれのあるときは、足場を組み立てる等の方法により[（ロ）]を設けなければならない。

(2) 高さが[（イ）]m 以上の[（ロ）]の端や開口部等で、墜落により労働者に危険を及ぼすおそれのある箇所には、[（ハ）]、手すり、覆い等を設けなければならない。

(3) 架設通路で墜落の危険のある箇所には、高さ[（ニ）]cm 以上の手すりまたはこれと同等以上の機能を有する設備を設けなくてはならない。

(4) つり足場または高さが 5 m 以上の構造の足場等の組立て等の作業については、足場の組立て等作業主任者[（ホ）]を修了した者のうちから、足場の組立て等作業主任者を選任しなければならない。

［語句または数値］

特別教育、囲い、85、作業床、3、待避所、幅木、2、技能講習、95、1、アンカー、技術研修、休憩所、75

(R2- 問題 7)

解説　高所作業を行う場合の安全管理に関しては、労働安全衛生規則の第 552 条以降を参照する。

解答

（イ）	（ロ）	（ハ）	（ニ）	（ホ）
2	作業床	囲い	85	技能講習

> **演習問題 4**　　移動式クレーンを使用する荷おろし作業において、労働安全衛生規則及びクレーン等安全規則に定められている<u>安全管理上必要な労働災害防止対策</u>に関し、次の（1）、（2）の<u>作業段階について、具体的な措置</u>を解答欄に記述しなさい。ただし、同一内容の解答は不可とする。
>
> （1）作業着手前
> （2）作業中　　　　　　　　　　　　　　　　　　　　　　　（R3- 問題3）

解説　移動式クレーンの荷おろし作業における労働災害防止については、労働安全衛生規則とクレーン等安全規則に定められている。下記のうちそれぞれ1つずつ記述する。

解答

作業着手前
・転倒による危険を防止するために、作業の方法、転倒防止の方法、労働者の配置及び指揮系統を定める。
・その日の作業を開始する前に、当該ワイヤロープの異常の有無について点検する。
・その日の作業を開始する前に、巻過防止装置、過負荷警報装置その他の警報装置、ブレーキ、クラッチ及びコントローラの機能について点検する。
・アウトリガーを用いるときは、アウトリガーを鉄板の上で、クレーンが転倒するおそれのない位置に設置し、アウトリガーを最大限に張り出す。
・軟弱地盤など、転倒のおそれのある場所での作業は禁止する。

作業中
・強風のため危険が予想されるときは、作業を中止しなければならない。
・定格荷重を超える荷重をクレーンにかけて運転はしない。
・作業半径内の労働者の立入りを禁止する。
・運転者は荷を吊ったままで運転位置を離れてはならない。
・移動式クレーンの運転については、一定の合図を定め指名した者に合図を行わせる。

経験記述編

学科記述編

5章

CHALLENGE 4 各種工事労働災害防止

演習問題5 下図のような道路上で工事用掘削機械を使用してガス管更新工事を行う場合、架空線損傷事故を防止するために<u>配慮すべき具体的な安全対策について2つ</u>、解答欄に記述しなさい。

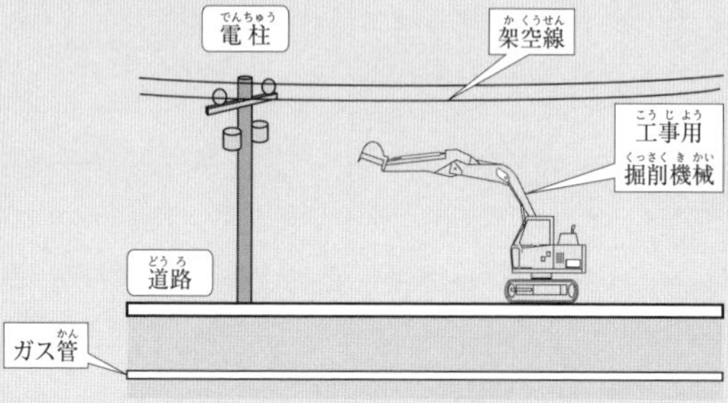

電柱　架空線　工事用掘削機械　道路　ガス管

(R3- 問題8)

解説 架空線損傷事故を防止するための安全対策に関しては、主に「架空線等上空施設の事故防止マニュアル」及び「土木工事安全施工技術指針」等に示されている。下記について2つを選定し記述する。

解答
・工事現場の出入口等における高さ制限装置を設置する。
・架空線等上空施設の位置を明示する看板等を設置する。
・建設機械のブーム等の旋回、立入り禁止区域等を設定し、関係者に周知徹底する。
・架空線上空施設への防護カバーを設置する。
・監視人を配置して、合図等を徹底する。

チェックコーナー
（出題傾向と対策）

「語句解答形式」と「記述解答形式」の2問程度が出題される。

出題項目	出題実績（ランク）	解答形式	対　　策
工程管理	☆☆☆ 7問／10年	語句0問 記述7問	• ほぼ毎年出題されており、施工管理全般の主要項目として整理しておく。 • 工程計画：具体的な工事の手順を理解しておく。 • 工程表の種類と特徴：主な工程表の種類と特徴及び長所、短所について整理しておく。 • ネットワーク式工程表について、一度は作成をしてみる。
環境管理	☆☆☆ 5問／10年	語句1問 記述4問	• 建設副産物、廃棄物などに関する法令類は、共通・重複項目も含まれており、同様の重要度として、整理をする必要がある。 • 建設リサイクル法（建設工事に係る資材の再資源化等に関する法律）・資源利用法（資源の有効な利用の促進に関する法律）：特定建設資材の4種及び建設指定副産物の4種は整理しておくこと。 • 廃棄物処理法：マニフェスト制度の基本を理解するとともに、廃棄物の種類と品目を整理しておく。 • 騒音・振動防止対策：騒音規制法と振動規制法の規制値（85 dB と 75 dB）及び特定建設作業の相違を整理しておく。

6章

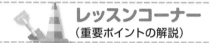

LESSON 1 工程管理 出題ランク ★★★

（1）工程計画

代表的な構造物の施工手順は以下の通りである。

① プレキャストボックスカルバートの施工手順

準備工（丁張）→ 床掘り工（バックホウ）→ 砕石基礎工
→ 均しコンクリート工 → 敷モルタル工
→ プレキャストボックスカルバート設置 → 埋戻し工 → 後片付け

② 管渠布設の施工手順

準備工 → 床掘り工 → 砕石基礎工 → 管渠布設工 → 型枠工
→ コンクリート基礎工 → コンクリート養生 → 型枠撤去 → 埋戻し
→ 残土処理 → 後片付け

③ プレキャストL型擁壁の施工手順

準備工 → 床掘り工 → 基礎砕石工 → 均しコンクリート工
→ コンクリート工（型枠設置、コンクリート打込み、養生、型枠脱型）
→ 敷モルタル → プレキャストL型擁壁設置 → 埋戻し工
→ 路床面転圧工 → 路床工 → 後片付け

（2）工程表の種類と特徴

① ガントチャート工程表（横線式）

縦軸に工事名（作業名）、横軸に作業の進捗度を％で表示する。各作業に必要な日数は不明で、工期に影響する作業も不明である。

作業	達成度〔%〕	10	20	30	40	50	60	70	80	90	100
準　備　工											
支　保　工　組　立											
型　枠　製　作											
鉄　筋　加　工											
型　枠　組　立											
鉄　筋　組　立											
コンクリート打設											
コンクリート養生											
型枠・支保工解体											
後　片　付　け											

□□□ 予定
■■■ 実施（50％終了時）

▲ガントチャート工程表（鉄筋コンクリート構造物）

② バーチャート工程表（横線式）

　ガントチャートの横軸の進捗度を日数にして表示する。漠然とした作業間の関連は把握できるが、工期に影響する作業は不明である。

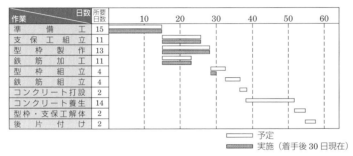

作業	所要日数	10	20	30	40	50	60
準　備　工	15						
支　保　工　組　立	11						
型　枠　製　作	13						
鉄　筋　加　工	11						
型　枠　組　立	4						
鉄　筋　組　立	4						
コンクリート打設	2						
コンクリート養生	14						
型枠・支保工解体	2						
後　片　付　け	2						

□□□ 予定
■■■ 実施（着手後30日現在）

▲バーチャート工程表（鉄筋コンクリート構造物）

③ 斜線式工程表

　縦軸に日数、横軸に延長をとる。工種ごとに一本の斜線で、作業期間、作業方向、作業速度を表す。道路、トンネル、地下鉄工事のような線的な工事に適しており、作業進捗度がひと目でわかるが作業間の関連は不明である。

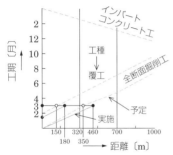

▲斜線式工程表（道路トンネル工）

④　ネットワーク式工程表

　各作業の開始点（イベント）と終点（イベント）を矢線（アロー）で結び、矢線の上に作業名、下に作業日数を書き入れアクティビティーとして表す。全作業のアクティビティーを連続的にネットワークとして表示したもので、作業進度と作業間の関連も明確となる。

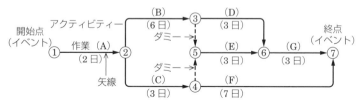

▲ネットワーク式工程表

⑤　累計出来高曲線工程表（Ｓ字カーブ）

　縦軸に工事全体の累計出来高（％）、横軸に日数（％）をとり、出来高を曲線に表す。毎日の出来高と、日数の関係は左右対称の山形、予定工程曲線はＳ字形となるのが理想である。

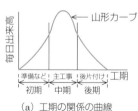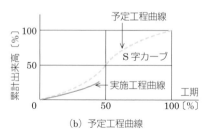

（a）工期の関係の曲線　　　（b）予定工程曲線

▲累計出来高曲線工程表

⑥　工程管理曲線工程表（バナナ曲線）

　工程について、許容範囲として上方許容限界線と下方許容限界線を示したもので、バナナの形状をなす。工程はバナナの範囲内になるように管理するが、実施工程曲線が上限を越えると、工程にムリ、ムダが発生しており、下限を越えると、工程を見直す必要がある。

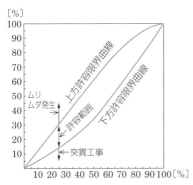

▲バナナ曲線

⑦　各種工程管理図表の比較

各種工程図表の特徴、長短について、下記に整理する。

▼各種工程図表の比較

項　　　　目	ガントチャート	バーチャート	曲線・斜線式	ネットワーク式
作業の手順	不明	漠然	不明	判明
作業に必要な日数	不明	判明	不明	判明
作業進行の度合い	判明	漠然	判明	判明
工期に影響する作業	不明	不明	不明	判明
図表の作成	容易	容易	やや複雑	複雑
適する工事	短期、単純工事	短期、単純工事	短期、単純工事	長期、大規模工事

LESSON 2　環境管理　　　　　　　　　　　　出題ランク ★★★

（1）建設リサイクル法・資源利用法

　建設リサイクル法（建設工事に係る資材の再資源化等に関する法律）と資源利用法（資源の有効な利用の促進に関する法律）の重要事項は、以下の通りである。

① 特定建設資材

項　目	内　　容
定　義	コンクリート、木材その他建設資材のうち、建設資材廃棄物になった場合におけるその再資源化が資源の有効な利用及び廃棄物の減量を図るうえで特に必要であり、かつ、その再資源化が経済性の面において制約が著しくないと認められるものとして政令で定められるもの。
種　類	1. コンクリート 2. コンクリート及び鉄からなる建設資材 3. 木材 4. アスファルト・コンクリート

② 分別解体及び再資源化等の義務

項　目	内　　容
対象建設工事の規模の基準	1. 建築物の解体：床面積 80 m² 以上 2. 建築物の新築：床面積 500 m² 以上 3. 建築物の修繕・模様替え：工事費 1 億円以上 4. その他の工作物（土木工作物など）：工事費 500 万円以上
届　出	対象建設工事の発注者または自主施工者は、工事着手の 7 日前までに、建築物などの構造、工事着手時期、分別解体などの計画について、都道府県知事に届け出る。
解体工事業	建設業の許可が不要な小規模解体工事業者も都道府県知事の登録を受け、5 年ごとに更新する。

Point → ワンポイントアドバイス
- 建設副産物、廃棄物等に関する法令などは、共通・重複項目も含まれており、同様の重要度として、整理をする必要がある。
- 特定建設資材の 4 種類は把握しておくこと。

③ 建設指定副産物

建設工事に伴って副次的に発生する物品で、再生資源として利用可能なものとして、次の 4 種類が指定されている。

建設指定副産物	再生資源
1. 建設発生土	構造物埋戻し・裏込め材料、道路盛土材料、宅地造成用材料、河川築堤材料など
2. コンクリート塊	再生骨材、道路路盤材料、構造物基礎材

建設指定副産物	再生資源
3. アスファルト・コンクリート塊	再生骨材、道路路盤材料、構造物基礎材
4. 建設発生木材	製紙用及びボードチップ（破砕後）

④ 再生資源利用計画及び再生資源利用促進計画

	再生資源利用計画	再生資源利用促進計画
計画作成工事	次のどれかに該当する建設資材を搬入する建設工事 1. 土砂：体積 1,000 m³ 以上 2. 砕石：重量 500 t 以上 3. 加熱アスファルト混合物：重量 200 t 以上	次のどれかに該当する指定副産物を搬出する建設工事 1. 建設発生土：体積 1,000 m³ 以上 2. コンクリート塊、アスファルト・コンクリート塊、建設発生木材：合計重量 200 t 以上
定める内容	1. 建設資材ごとの利用量 2. 利用量のうち再生資源の種類ごとの利用量 3. その他再生資源の利用に関する事項	1. 指定副産物の種類ごとの搬出量 2. 指定副産物の種類ごとの再資源化施設または他の建設工事現場などへの搬出量 3. その他指定副産物にかかわる再生資源の利用の促進に関する事項
保存	当該工事完成後 1 年間	当該工事完成後 1 年間

 ワンポイントアドバイス
- 建設指定副産物の4種類は把握しておくこと。
- 再生資源利用計画－搬入、再生資源利用促進計画－搬出の関係を理解しておく。

ワンポイントアドバイス
- 廃棄物の種類と品目を整理しておく。
- マニフェスト制度の基本を理解しておく。

（2）騒音・振動防止対策
騒音規制法及び振動規制法の規制基準について、下記に整理する。

6章

① 騒音規制法

項　目		内　　容
騒音規制法	指定地域 （知事が指定）	• 静穏の保持を必要とする地域 • 住居が集合し、騒音発生を防止する必要がある地域 • 学校、病院、図書館、特養老人ホームなどの周囲 80 m の区域内
	特定建設作業	• 杭打ち機・杭抜き機、びょう打ち機、削岩機、空気圧縮機、コンクリートプラント、アスファルトプラント、バックホウ、トラクタショベル、ブルドーザをそれぞれ使用する作業
	規制値	• 85 dB 以下 • 連続 6 日、日曜日、休日の作業禁止
	届　出	• 指定地域内で特定建設作業を行う場合に、7 日前までに都道府県知事（市町村長へ委任）へ届け出る（災害など、緊急の場合はできるだけ速やかに）。

② 振動規制法

項　目		内　　容
振動規制法	指定地域 （知事が指定）	• 静穏の保持を必要とする地域 • 住居が集合し、騒音発生を防止する必要がある地域 • 学校、病院、図書館、特養老人ホームなどの周囲 80 m の区域内
	特定建設作業	• 杭打ち機・杭抜き機、舗装版破砕機、ブレーカをそれぞれ使用する作業 • 鋼球を使用して工作物を破壊する作業
	規制値	• 75 dB 以下 • 連続 6 日、日曜日、休日の作業禁止
	届　出	• 指定地域内で特定建設作業を行う場合に、7 日前までに都道府県知事（市町村長へ委任）へ届け出る（災害など、緊急の場合はできるだけ速やかに）。

Point → ワンポイントアドバイス

• 騒音規制法と振動規制法の規制値（85dB と 75dB）及び特定建設作業の相違を整理しておく。

CHALLENGE 1 工程管理

出題ランク ★★★

演習問題 1　下図のようなプレキャストボックスカルバートを築造する場合、施工手順に基づき<u>工種名を記述し、横線式工程表（バーチャート）を作成し、全所要日数</u>を求め解答欄に記述しなさい。各工種の作業日数は次の通りとする。

・床掘り工 5 日・養生工 7 日・残土処理工 1 日・埋戻し工 3 日・据付け工 3 日
・基礎砕石工 3 日・均しコンクリート工 3 日

ただし、床掘り工と次の工種及び据付け工と次の工種はそれぞれ 1 日間の重複作業で行うものとする。また、解答用紙に記載されている工種は施工手順として決められたものとする。

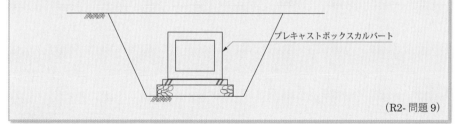

プレキャストボックスカルバート

(R2- 問題 9)

解説　施工手順としては下記の通りとする。

①床掘り工→②基礎砕石工→③均しコンクリート工→④養生工→⑤据付け工→
⑥埋戻し工→⑦残土処理工

解答

縦軸に工種、横軸に日数をとりバーチャートを作成する。ただし、床掘り工と基礎砕石工及び据付け工と埋戻し工はそれぞれ 1 日の重複作業とする。

6章

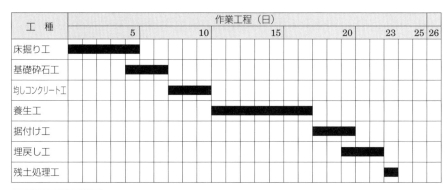

工　種	作業工程（日）								
		5		10		15		20	23　25 26
床掘り工	■■■■								
基礎砕石工		■■							
均しコンクリート工			■						
養生工				■■■■■					
据付け工							■■		
埋戻し工								■■	
残土処理工									■

所要日数 23 日

演習問題 2　建設工事において用いる次の<u>工程表の特徴について、それぞれ1つずつ</u>解答欄に記述しなさい。ただし、解答欄の（例）と同一内容は不可とする。

　（1）ネットワーク式工程表
　（2）横線式工程表　　　　　　　　　　　　　　　　　　　（R3- 問題 9）

解説　下記についてそれぞれ 1 つずつ選定し、記述する

解答

ネットワーク式工程表
・各作業の開始点と終点を→で結び、矢線の上に作業名、下に作業日数を書き入れ、連続的にネットワークとして表示したものである。 ・作業進度と作業間の関連を明確に表すことができる。 ・工程表の作成は複雑だが、長期、大規模工事の工程管理に適する。
作業中
・バーチャート工程表とガントチャート工程表の 2 種類がある。 ・作業数の少ない簡単な作業に適している。 ・バーチャート工程表は、縦軸に工種（工事名、作業名）、横軸に作業の達成度を工期、日数で表示する。漠然とした作業間の関連は把握できるが、工期に影響する作業は不明である。 ・ガントチャート工程表は、縦軸に工種（工事名、作業名）、横軸に作業の達成度を％で表示する。各作業の必要日数はわからず、工期に影響する作業は不明である。

演習問題 3　「資源の有効な利用の促進に関する法律」上の建設副産物である、建設発生土とコンクリート塊の利用用途についてそれぞれ解答欄に記述しなさい。ただし、利用用途はそれぞれ異なるものとする。　　　　　　　　　（H29- 問題 9）

解説　建設副産物は、建設工事に伴って副次的に発生する物品で、再生資源として利用可能なものとして指定されている。

解答

【建設発生土の利用用途】
・構造物埋戻し・裏込め材料、道路盛土材料、宅地造成用材料、河川築堤材料等
【コンクリート塊の利用用途】
・再生骨材、道路路盤材料、構造物基礎材

演習問題 4　ブルドーザまたはバックホウを用いて行う建設工事に関する騒音防止のための、具体的な対策を 2 つ解答欄に記述しなさい。　　　　（H27- 問題 9）

解説　ブルドーザまたはバックホウの騒音防止に関しては、主に「建設工事に伴う騒音振動対策技術指針」に示されている。下記について、2 つを選定し記述する。

解答

・低騒音型建設機械の使用を原則とする。
・後進時の高速走行をできるだけ避ける。
・不必要なバケット操作を繰り返さない。
・衝撃による施工を避け、無理な負荷をかけないように、不必要な高速運転や無駄な空ぶかしを行わない。
・日常の整備点検を行い、整備不良による騒音の発生を防ぐ。

経験記述編

学科記述編

6章

索引

〈著者略歴〉

速水洋志 （はやみ　ひろゆき）

1968年東京農工大学農学部農業生産工学科卒業。株式会社栄設計に入社。以降建設コンサルタント業務に従事。2001年に株式会社栄設計代表取締役に就任。現在は速水技術プロダクション代表、株式会社三建技術技術顧問、株式会社ウォールナット技術顧問
資格：技術士（総合技術監理部門、農業土木）、環境再生医（上級）
著書：『わかりやすい土木の実務』『わかりやすい土木施工管理の実務』（オーム社）『土木のずかん』（オーム社：共著）他

吉田勇人 （よしだ　はやと）

現在は株式会社栄設計に所属
資格：1級土木施工管理技士、測量士、RCCM（農業土木）
著書：『土木のずかん』（オーム社、共著）、『基礎からわかるコンクリート』（ナツメ社、共著）他

水村俊幸 （みずむら　としゆき）

1979年東洋大学工学部土木工学科卒業。株式会社島村工業に入社。以降、土木工事の施工、管理、設計、積算業務に従事。現在は中央テクノ株式会社に所属。NPO法人彩の国技術士センター理事
資格：技術士（建設部門）、RCCM（農業土木）、コンクリート診断士、コンクリート技士、1級土木施工管理技士、測量士
著書：『土木のずかん』『すぐに使える！工事成績評定85点獲得のコツ』（オーム社、共著）、『基礎からわかるコンクリート』（ナツメ社、共著）他

これだけマスター
2級土木施工管理技士　第二次検定

2022年4月25日　　第1版第1刷発行
2023年3月10日　　第1版第2刷発行

著　　者　速水洋志・吉田勇人・水村俊幸
発行者　村上和夫
発行所　株式会社 オーム社
　　　　郵便番号　101-8460
　　　　東京都千代田区神田錦町3-1
　　　　電話　03(3233)0641(代表)
　　　　URL　https://www.ohmsha.co.jp/

© 速水洋志・吉田勇人・水村俊幸 2022

印刷・製本　壮光舎印刷
ISBN978-4-274-22856-8　Printed in Japan

本書の感想募集 https://www.ohmsha.co.jp/kansou/
本書をお読みになった感想を上記サイトまでお寄せください。
お寄せいただいた方には、抽選でプレゼントを差し上げます。